U0306324

通辽市
特色经济作物适用技术

◎ 叶建全　王　静　王　铎　主编

中国农业科学技术出版社

图书在版编目（CIP）数据

通辽市特色经济作物适用技术／叶建全，王静，王铎主编．—北京：
中国农业科学技术出版社，2017. 12

ISBN 978-7-5116-1966-2

Ⅰ.①通…　Ⅱ.①叶…②王…③王…　Ⅲ.①经济作物-栽培技术
Ⅳ.①S56

中国版本图书馆 CIP 数据核字（2017）第 315622 号

责任编辑　李　雪　徐定娜
责任校对　贾海霞

出 版 者　中国农业科学技术出版社
　　　　　北京市中关村南大街 12 号　邮编：100081
电　　话　(010) 82109707（编辑室）
　　　　　(010) 82109702（发行部）
　　　　　(010) 82109709（读者服务部）
传　　真　(010) 82109707
网　　址　http://www.castp.cn
经 销 者　各地新华书店
印 刷 者　北京富泰印刷有限责任公司
开　　本　787 mm×1 092 mm　1/16
印　　张　9.75
字　　数　107 千字
版　　次　2017 年 12 月第 1 版　2017 年 12 月第 1 次印刷
定　　价　128.00 元

《通辽市特色经济作物适用技术》
编写人员

主　　编：叶建全　王　静　王　铎

副主编：时　雪　庞　辉　左明湖　高丽娟

编写人员：（按姓氏笔画排序）

刁亚娟	王　铎	王　静	王子富	王占东
王海水	车梅兰	叶建全	白　浩	丛向阳
包锁成	朱　丹	刘东平	刘兰兰	刘春艳
刘彦廷	刘桂霞	汤天志	许俊雁	孙玉堂
杜艳秋	李玉珍	李卓然	李明丽	李明哲
李建梅	李雪梅	李淑兰	李敬伟	杨凤仁
时　雪	谷秀芳	辛　欣	沈祥军	张　力
张　洁	张　琦	张冬梅	张立东	张宇翔
张宏宇	陈　洋	周春雪	庞　辉	赵　亮
郝　宏	姚振坤	贾俊英	顾薇薇	铁　虎
高玉霞	黄永丽	黄丽丽	麻海龙	康晓军
彭晓红	葛　星	鲍否智		

序

　　《通辽市特色经济作物适用技术》在编写过程中注重总结各旗县蔬菜栽培经验的基础上，并吸收了近几年蔬菜生产新技术、新成果，全面系统地介绍了适合我市种植的经济作物生产的基本知识、设施蔬菜生产的设施及栽培技术。重点介绍了我市栽培特色经济作物、蒙中药材等主要经济作物的实用栽培技术。

　　近年来，内蒙古自治区通辽市主动适应农业发展新形势，积极推进供给侧结构性改革，将种植业结构调整作为农业工作的首要任务，按照稳粮增效的原则，因地制宜，坚持"粮、经、饲"统筹发展，科学调整种植结构。出版该书的目的，旨在加快先进适用的经济作物生产技术推广，满足更多的生产者对经济作物生产技术的需求，为通辽市种植业结构调整提供技术保障。

　　《通辽市特色经济作物适用技术》具有简短易懂，内容丰富，针对性、实用性、操作性强等特点，适合农村基层干部和科技示范户及广大农民朋友阅读参考。

编　者

目　　录

第一章　蔬菜栽培技术

第一节　温室黄瓜栽培技术

一、品种选择

选择抗病性强、高产、优质、适应性广、商品性好的品种。如津研系列，中农21、香浓 cz-20 等。

二、生产日期

定植期 3 月 1—10 日，苗龄 40 天，育苗时间 1 月 20—30 日，依据自己温室防寒特性适度调整栽培时间。

三、培育壮苗

（一）种子灭菌

55~50 ℃温水浸种 10~15 分钟，再用 1% 的高锰酸钾溶液浸泡 15 分钟，洗净，浸种催芽。

（二）营养土的配制

6 份熟田土、3 份过筛优质农家肥、1 份灰粉或腐植酸，充分拌匀，用 0.5% 的福尔马林或多菌灵焖熏杀菌。

（三）温度低时棚内添置增温设备

苗床铺设电热线，加扣小拱棚。

（四）播种及苗期管理

装钵后浇透水，播种覆细土 0.5~1.0 厘米，增温保湿，子叶展开后，控制水分，增加光照，白天温度 25~28 ℃，夜间 12~17 ℃，拉大昼夜温差，促进苗势整齐。

四、整地施肥

（一）施肥

亩施优质农肥 5 000 千克、磷酸二铵 12 千克、硫酸钾 20 千克、过磷酸钙 25 千克。农肥翻入土层，化肥沟施。

（二）整地

畦面宽 60 厘米，畦埂 40 厘米。

五、定植

定植的种苗要预先炼苗，出床前进行病虫害防治处理，选苗，去掉残、弱苗，按大小长势分畦定植。定植株行距：株距 21 厘米，行距 100 厘米，每畦 23~24 株，栽苗不宜太深，以坨面与畦面相平为宜，定植后增温保湿。

六、蹲苗期

浇缓苗水后至下瓜前，此期间主要措施是中耕松土，深松 10 厘米为佳，提高地温，增加土壤含氧量，诱发根系发育。温度管理：白天 25~28 ℃，夜间 13~17 ℃，控制水分，降低棚内湿度。植株管理：及时绑蔓，五叶以下幼瓜打掉。

七、生长期的管理

（一）肥水管理

第一次施肥，增施磷钾肥，以后以氮肥为主，多次少施。

（二）温度管理

白天 28~32 ℃，夜间 13~17 ℃。

（三）病虫害防治

通风、降湿、增加光照，病害高发期，针对性地喷施预防性农药，发现病害准确诊断，准确用药。

八、病虫害防治

（一）物理防治

1. 设施防护

在放风口用防虫网封闭，夏季覆盖塑料薄膜、防虫网和遮阳网，进行避雨、遮阳、防虫栽培，减轻病虫害的发生。

2. 黄板诱杀

设施内悬挂黄板诱杀蚜虫等害虫。黄板规格 25 厘米×40 厘米，每 667 平方米悬挂 30~40 块。

3. 银灰膜驱避蚜虫

铺银灰色地膜或张挂银灰膜膜条避蚜。

4. 高温消毒

棚室在夏季宜利用太阳能进行土壤高温消毒处理。高温焖棚防治黄瓜霜霉病：选晴天上午，浇一次大水后封闭棚室，将棚温提高到 46~48 ℃，持续 2 小时，然后从顶部慢慢加大放风口，缓缓使室温下降。以后如需要每隔 15 天焖棚一次。焖棚后加强肥水管理。

5. 杀虫灯诱杀害虫

利用频振杀虫灯、黑光灯、高压汞灯、双波灯诱杀害虫。

（二）生物防治

1. 天敌

积极保护、利用天敌，防治病虫害。

2. 生物药剂

采用浏阳霉素、农抗 120、印楝素、农用链霉素、新植霉素等生物农药防治病虫害。

（三）药剂防治

病害高发期，针对性地喷施预防性农药，发现病虫害准确诊断，准确用药。

1. 白粉病

发病初期用小苏打 500 倍，3~4 天一次，连喷 3 次。

2. 霜霉病

发病初期对中心病株重点防治，摘除病叶、病株及时掩埋防止扩散。每亩用 58% 甲霜·锰锌可湿性粉剂 80 克对水喷雾。10 天 1 次，连喷 2~3 次进行防治。

3. 细菌性角斑病

用 72% 的农用链霉素可湿性粉剂 4 000~5 000 倍液，7 天喷一次，连喷 3 次。

4. 地下害虫

90% 的敌百虫 1 000 倍液灌根或用敌百虫制成毒饵防治。

5. 蚜虫、白粉虱

用40%的绿菜宝1 000~1 500倍液喷施叶面。

九、及时采收

在农药安全间隔期后采收，适时早采摘根瓜，防止坠秧。及时分批采收，减轻植株负担，以确保商品品质，促进后期果实膨大。

第二节　温室番茄栽培技术

一、品种选择

选择抗病、优质、高产、商品性好、耐储运、适合市场需求的品种。红果如918，长势强，高产，试验亩产达到9 300千克，抗病性强，平均单果重350克，果皮厚，耐储运。生长期长，果实从开花到果实成熟，需75天左右。粉果如粉齐，中早熟一代杂种，生长势中等，无限生长类型，叶片稀，耐弱光，坐果集中，果实发育快。果实高圆型，粉红色，单果重250克左右，果肉坚实，耐贮运，中前期产量高。

二、茬口安排

冬春茬9月下旬育苗，10月中下旬定植，1月下旬采收。越夏茬4月下旬到5月初定植，7月下旬到8月初采收。秋冬茬7月上旬育苗，8月上旬定植，10月下旬到11月初采收。

三、培育壮苗

（一）种子灭菌

50~55 ℃温水浸种 10~15 分钟，再用 1%的高锰酸钾溶液浸泡 15 分钟，洗净，浸种催芽。

（二）营养土的配制

6 份熟田土、3 份过筛优质农家肥、1 份灰粉或腐植酸，充分拌匀，用 0.5%的福尔马林或多菌灵焖熏杀菌。

（三）加温设备

春季气温较低的时候，育苗棚内应添置增温设备。苗床铺设电热线，加扣小拱棚。

（四）播种及苗期管理

把配制好的营养土装入育苗钵后浇透水，播种后上覆一层细土 0.5~1.0 厘米，然后覆盖地膜保温保湿。播种后 10 天左右可出苗，出苗达到 30%时撤掉地膜。出苗前温度稍高些，白天 30 ℃，晚上 20 ℃。出苗后，温度白天 25 ℃，晚上 15 ℃左右。苗期以控水控肥为主，定植前 7 天左右炼苗，白天 15~20 ℃，夜间 10 ℃左右。

四、定植前准备

（一）施肥

亩施优质农家肥 5 000 千克、磷酸二铵 12 千克、硫酸钾 20 千克、过磷酸钙 25 千克。农家肥翻入土层，化肥沟施。

（二）整地

定植前 3 天开沟起垄，垄宽 120 厘米，垄背宽 70 厘米，垄沟宽 50 厘米，垄高 20 厘米。

（三）棚室消毒

老棚室在起垄后应进行消毒灭菌，可用 5% 菌毒清 200 倍液进行喷雾。然后关闭棚室，进行高温焖棚，经过高温焖棚后，通风即可定植。

五、定植

定植要选择在晴天的上午进行，冬春茬番茄苗龄 50 天左右，6~7 片叶，株高 15 厘米左右。定植时 10 厘米地温连续 10 天稳定在 10 ℃以上。定植的种苗要预先炼苗，出床前进行病虫害防治处理，去掉残、弱苗，按大小长势分垄定植。早熟品种株距 25~30 厘米，中晚熟品种株距 35 厘米左右。也可依据自己的棚室特点和管理习惯采用定植方式。

六、蹲苗期管理

（一）水分管理

定植后浇定植水，3~4 天后浇一次缓苗水，然后进行蹲苗。此期间主要措施是中耕松土，深松 10 厘米为佳，提高地温，增加土壤含氧量，诱发根系发育。

（二）温度管理

定植后室内温度保持在 25~30 ℃，缓苗后白天温度 25 ℃左右，夜晚 15 ℃左右。

（三）植株管理

及时除掉叶腋处的侧枝，待到确定植株已缓苗，心叶渐长，株型形成三角形，才可以留果。

七、生长期的管理

（一）肥水管理

一般浇过缓苗水到结果前不再浇水施肥，当第一穗果长到蛋黄大小时可进行第一次浇水施肥，选用多元素复合型钾宝进行冲施，施肥量要根据进水量多少来掌握。

（二）温度管理

白天适宜在 28~30 ℃，晚上 16 ℃左右。

（三）植株调整

无限生长型番茄一般采用单蔓整枝，即只留一个主枝，其余侧枝全部打掉，一般留 4~5 穗果，摘心时在最后一穗果上留些叶片；有限生长型的番茄一般采用双蔓整枝，即保留第一花絮下的一个侧枝，其余的侧枝全部打掉。

八、病虫害防治

（一）农业防治

创造适宜的条件，提高植株抗性，减少病虫害的发生。及时摘除病叶、病果，拔除病株，带出地片深埋或销毁。

（二）物理防治

黄板诱杀白粉虱：用废旧纤维板或纸板剪成100厘米×20厘米的长条，涂上黄色漆，同时涂一层机油，每667平方米用30~40块，挂在行间或株间。7~10天重涂一次机油。也可统一购买成品诱杀黄板。

（三）药剂防治

保护地优先采用粉尘法、烟熏法，在干燥晴朗天气也可喷雾防治。

1. 猝倒病、立枯病

除苗床撒药土外，还可用恶霜灵+代森锰锌、霜霉威等药剂防治。也可通过控制苗床的"低温高湿"和"高温高湿"环境减轻病害发生。

2. 晚疫病

出现中心病株后，病株率不超过1%时施药。用5%百菌清粉尘剂每667平方米喷粉1千克，7天喷一次；或用72%克露可湿性粉剂400~600倍液喷雾。

3. 早疫病

出现中心病株后，病株率不超过1%时施药。用5%百菌清粉尘剂每667平方米喷粉1千克，7天喷一次；或用58%甲霜灵锰锌可湿性粉剂500倍液喷雾。

九、采收

采收所用工具要保持清洁、卫生、无污染。要及时分批采收，减轻植株负担，确保商品果品质，促进后期果实膨大。

第三节　温室碧娇番茄栽培技术

一、育苗

小番茄种子的千粒重为1.4~1.8克。优良的幼苗对早期产量有决定性的影响，因在育苗期间，第一至第三花序的花芽分化已开始进行，如幼苗遭受病害或营养失调，均会影响其发育，目前育苗的重点为防治番茄卷叶病毒，育苗期应用防虫网或黄板，隔绝、消灭蚜虫、白粉虱的入侵，以杜绝其传播，苗长至四片叶及移植前2天，应使用叶肥（叶绿精），适当的定植苗龄为4~6叶。

二、整地施肥

番茄为茄科作物中根系较深的作物，根系可深达120~150厘米，而茄子及甜椒根系则只有120厘米左右，其理想的土壤为土层深厚、排水良好的砂质土壤，番茄忌连作，可和水稻、豆类、玉米等轮作，尤其曾发生番茄青枯病和酸性较强的土地更需要特别注意。保护地内土壤应进行充分消毒，防止病害严重发生。

整地要求深耕20~30厘米，土壤整细碎，并视土壤酸碱度加入50~100千克的石灰，在容易缺硼的地区，还应适量施入一定量的硼砂，每亩施用量以不超过1.5千克为宜。长期进行果菜类栽培需要大量的有机肥，基肥的施入量10 000~1 5000千克/亩，复合肥30~40千克/亩，磷钾肥15~25千克/亩，基肥施肥方法为：施肥前先在畦面中央挖一条深沟，然后均匀施入沟中，再拉平畦面。或均匀撒施，然后结合深翻也可。

三、定植

小番茄依其种植时期、种植地区及整枝方法不同，种植密度也不同。

（一）播种方式

保护地大棚一年栽培两茬，秋茬 6 月下旬至 7 月中旬播种（苗龄 30 天左右），春茬 1 月下旬至 2 月中旬播种（苗龄 60 天左右，遇温度低时育苗时间会延长）。露地栽培一年一茬，2 月播种（苗龄 50 天左右）。株行距（45~50）厘米×（140~160）厘米（双行）。

（二）整枝方式

1. 双杆整枝

常以双杆整枝为主，双杆整枝只留下第一花序下的侧枝为第二主杆，其他侧芽则全部去除，每一主杆的二至三个花序必须摘除侧芽，以防枝叶过度旺盛，第三花序之后可放任栽培。露地栽培可进行多蔓整枝，在生育初期摘除侧芽，当各主蔓形成后再放任栽培。

其特点是：株高 150~240 厘米，相对无限生长品种生育期短，果实采收期集中。适合一年两茬、顶部高度在 2.5 米以下的保护地栽培。

2. 单干整枝

单干整枝注意一定要始终保持留有 2 个生长点，当出现第三个芽时及时根据长势情况，再进行抹除。

四、水肥管理

追肥的使用相当重要，番茄定植后一个月内干物质的积累相当慢，所以第一次追肥一般都在定植后 20~30 天施用，追肥以复合肥料为主，配合灌溉，施肥前一天灌水，以利施肥后肥料溶解吸收，且施用量可较小，其后的追肥则保持定量，每隔三星期施用一次。但有的地区是采收一次果，浇一次水追一次肥。

番茄对缺硼及缺钙的反应极为敏感，硼为微量元素，使用过量会造成毒害作用，目前建议 667 平方米需硼砂 1 千克左右作基肥撒布。钙肥的吸收受根系及其他营养元素的影响，如氮肥过量往往会引起缺钙，导致果顶腐烂病。如番茄植株浸水超过 24 小时，根系受伤也会影响钙肥的吸收。如果栽培期发现果实产生缺钙或缺硼的病症，可用叶面施肥的方式补充，使用浓度为 0.5% 的氯化钙或硼砂水溶液。

五、病虫害防治

小果番茄春夏季的主要病害为幼苗疫病、青枯病。近年来，由于白粉虱、蚜虫的危害，番茄病毒病成为重要病害。各种病虫害的病症及防治方法介绍如下。

（一）病毒病

主要病症出现在叶片上，一般为嵌纹病症，叶片呈现黄绿不匀的现象，偶有坏疽条斑或水浸斑。叶片受害后，表面凹凸不平，萎缩或畸形，新叶颜色淡黄，叶片缩小或变细，有如细绳状，植株矮小，受害严重者生长停顿，甚至于枯死。

防治方法：选种健康种苗；发现病株应及早拔除；防治媒介昆虫；避免机械传播；喷施抗病毒药物。

（二）青枯病

青枯病为细菌性维管束病害，高温、多湿环境适宜发病。土壤为主要感染源，土壤中病原细菌由根部伤口侵入植株，发病初期下部叶的叶柄先下垂，而后叶片逐渐萎凋，同时茎部也常出现不定根。青绿的植株快速萎凋，而渐枯死为其典型病症。横切被害茎，可见维管束褐色，以手挤压有乳白色黏性的菌液溢出。如切取被害茎部放入盛有清水透明玻璃杯中，经数分钟后，大量病原细菌由切口流入水中呈乳白色烟雾状，可精确诊断青枯病，并可与引起相似萎凋、维管束褐变的其他真菌性病害区别。除根传播外，附着土壤的鞋及农具也可传播病原菌。

防治方法：栽培抗病品种；使用健康移植苗；施用青枯病杀菌剂拌土；注意田间卫生；晒田。

（三）细菌性角斑病

病原细菌危害叶片造成叶片干枯，亦可危害果实、叶柄、茎及花序。初期在叶片引起水浸状小斑点，随后逐渐扩大为不规则圆形病斑，颜色由黄绿变为深褐色。茎部呈灰到黑色。呈疮痂状。中央凹陷且边缘稍有隆起。

防治方法：选用健康种子种苗；施用农用连霉素等杀细菌药物。

（四）晚疫病

晚疫病主要发病于低温、多湿环境，该病原可危害叶、叶柄、茎、花序及果实。被害部初期呈暗绿色水浸状斑点，在多湿环境下快速扩展。果实被害后，初期呈灰绿色水浸状斑点，逐渐扩大至半个果实后呈褐色坚硬之波浪纹状，潮湿环境下果实上产生白色微状物，但不软腐。

防治方法：加强发病适期（低温且多湿）的防治工作，可施用药剂75%百菌清可湿性粉剂600倍、58%雷多米尔可湿性粉剂400倍、80%代森锰锌。需遵守安全采收期。

（五）幼苗疫病

幼苗疫病于高温多湿环境下容易发生。它主要危害幼苗地际或地际部以上茎部，初期呈淡褐色至暗褐色之缢病缩病症，后期呈夭折状而枯死。游走子囊或释放游走子囊随灌溉水或雨水传播。被害未死之苗移植后生长受阻，一般田间植株不受害。

（六）早疫病

早疫病初期感染叶片呈暗褐色至黑色水浸状小斑点，后逐渐扩大成革质化轮状斑点，周围有黄色晕环，老叶被害严重时，多数病斑愈合而引起落叶。茎部被害则造侧枝掉落，果实被害呈暗褐色凹陷纹状病斑，果实上半部被害居多而造成腐烂。

防治方法：注意田间卫生；于发病初期施用86%氢氧化铜可湿性粉剂800倍，

37.5%氢氧化铜水悬剂 400~800 倍防治，需遵守安全秋收期。

（七）根结线虫

根部遭受根结线虫危害后根尖萎缩，患病组织分化成肿瘤状，后期根系腐败，地上部分生育不良，黄化萎凋、叶片数减少，叶小卷曲、结果不良甚至枯死。

防治方法：避免根结线虫传入；翻地前用北农爱福丁 1 号喷洒地面；定植后用北农爱福丁 1 号灌根。

（八）白粉虱

白粉虱周年发生，繁殖力强，寄生植物广，成虫在番茄叶背产卵。还传播病毒病等其他病害。

防治方法：使用黄色黏板或水盘诱杀成虫；不可使用过量氮肥，避免植株生长过盛、通风不良有助于其发生；用药物防治，需遵守安全采收期。

（九）斑潜蝇

斑潜蝇年发生 20 代左右，成虫以产卵管刺破叶背组织吸吮汁液或在叶组织内潜食叶肉。

防治方法：使用黄色黏板或水盘诱杀成虫；用一些普通的杀虫剂防治。

第四节　温室茄子栽培技术

通辽市温室茄子的栽培模式主要有越冬茬、早春茬、秋延后茬、一年一大茬等四种模式，近几年这四种种植模式均取得了较好的经济效益。

一、品种选择

通辽市生产上应用较多的品种有西安绿茄、天津快圆茄等。近几年引进推广的荷兰瑞克斯旺公司培育的布利塔长茄和台湾农友公司培育的日昇长茄也取得了较好的经济效益。

二、茬口安排

越冬茬一般在 8 月下旬至 9 月上旬育苗，10 月下旬嫁接，12 月中下旬定植，春节前上市。早春茬一般在 11 月下旬至 12 月下旬育苗，2 月中旬至 3 月中旬定植，4 月中旬上市。秋延后茬一般在 7 月中旬育苗，8 月下旬定植，10 月下旬上市。一年一大茬一般在 6 月下旬育苗，8 月中旬嫁接，9 月下旬定植。

三、播种育苗

（一）营养土配制

用腐熟的农家肥和 2 年内没种过茄果类蔬菜的田园土按照 1 : 1 的比例混匀过筛，每立方米床土施入磷酸二铵 0.5 千克、硫酸钾 0.25 千克、50% 的多菌灵 100 克充分混匀，配成营养土，也可用 98% 的恶霉灵 3 000 倍液或高锰酸钾消毒。将配好的营养土装入营养钵或穴盘待用。

（二）种子处理

根据品种不同，每亩用接穗种子量 25~50 克，如布利塔长茄亩用种量 25 克左右，砧木托鲁巴姆 5 克左右。砧木要比接穗早播 25~30 天。

未进行包衣的种子一般采用温汤浸种法进行种子消毒，用 55 ℃左右温水烫种，边倒水边沿着一个方向搅拌，浸泡 15 分钟左右，当水温降至 30 ℃时停止搅拌，用清水洗去种子上的黏液。

将洗净的种子沥去水分，用纱布包好，放在 28~30 ℃的黑暗环境下催芽，每 4~5 小时翻动种子包一次，每天用清水冲洗一次，5 天左右当有 70% 种子露白时即可播种。

砧木托鲁巴姆每千克需要用 100~200 毫克的赤霉素溶液浸泡 24 小时打破休眠，然后再用清水浸种 24~36 小时即可播种。

（三）播种

播种前先把装好营养土的营养钵或育苗穴盘浇透水，然后向每个营养钵中央播种 2~3 粒，然后覆 0.8~1.0 厘米厚的营养土，覆盖地膜保温保墒。

（四）嫁接

接穗一般 5~7 天即可出苗，当 50% 出苗后撤去地膜。当砧木苗长到 5~6 片真叶，茎粗 0.5 厘米左右，接穗苗长到 2~4 片真叶时为嫁接适宜期。通常采用劈接法嫁接。嫁接时砧木留 2~3 片真叶，在高 3 厘米处平切去头，在砧木中间垂直切入 1 厘米左右。将接穗苗保留 2~3 片真叶，切掉下部，削成 1 厘米楔形插入砧木的切口中，对齐后用嫁接夹固定，放入苗床内，然后将营养钵浇足水。将苗床摆满后，在苗床四周浇小水，上扣小拱棚遮阳网保湿遮荫。

（五）嫁接后管理

1. 温度管理

嫁接后 8~10 天为嫁接苗的成活期，对温度要求比较严格。此期的适宜温度是白天 25 ℃，夜间 20 ℃左右。嫁接苗成活后，对温度的要求不甚严格，按一般育苗法进行温度管理即可。

2. 空气湿度管理

嫁接结束后，苗床内的空气湿度保持在 90% 以上，不足时要向苗床内地面洒水，但不要向苗上洒水或喷水，避免污水流入接口内，引起接口染病腐烂。3 天后适量放风，降低空气湿度，并逐渐延长苗床的通风时间，加大通风量。嫁接苗成活后，撤掉小拱棚。

3. 光照管理

嫁接当天以及嫁接后头 3 天内，要用遮阳网把嫁接场所和苗床遮荫。从第 4 天开始，要求每天早晚让苗床接受短时间的太阳直射光照，并随着嫁接苗的成活生长，逐天延长光照的时间。嫁接苗完全成活后，撤掉遮阳网。

嫁接苗成活后，要及时去掉嫁接夹，并抹去砧木叶腋处的不定芽。

四、定植

（一）定植前准备

整地施肥：定植前每亩施腐熟农家肥 5 000 千克、磷酸二铵 50 千克、硫酸钾 25 千克、尿素 15 千克，深翻耙细后越冬茬按大行 90~100 厘米，小行 60 厘米起垄，亩保苗 1 800~2 000 株。其他茬次可按大行 70 厘米，小行 50 厘米起垄，亩保苗 2 500~2 800 株。铺设滴灌带，然后覆膜。

棚室消毒：定植前 7~10 天，选择连续晴天密闭大棚，每亩温室用 2~3 千克硫磺粉和适量锯末进行熏蒸消毒，一般闷棚 3~4 天，定植前 2 天通风、降温散味。或者用高锰酸钾 50 克，对水 30 千克，均匀喷洒棚室进行消毒。

（二）定植

定植前按 50 厘米左右的株距打定植孔，孔深 10 厘米左右，定植时嫁接口应高出地面 3~5 厘米，浇足定植水。

五、定植后管理

（一）温度管理

茄子为喜温耐热作物，一般在定植后一周内，白天温度保持在 30 ℃左右，夜间温度控制在 20 ℃左右，以利于根系的恢复和生长。缓苗后逐渐降到白天温度 28 ℃左右，夜间 15 ℃左右。盛果期白天温度保持在 30 ℃左右，夜间 17 ℃左右。在寒冷的季节，晚上要盖双层草帘，尽量早揭晚盖。遇极端天气应进行加温。

（二）水肥管理

若缓苗时气温较高，可在定植后 3~5 天浇一次透水。定植后 15 天左右浇一次发棵水。门茄开花前后适当控制水分，防止植株生长过旺而影响坐果。当门茄"瞪眼"时，进入水肥管理关键时期，结合浇水进行追肥，每亩施尿素 10~15 千克，硫酸钾复合肥 6 千克左右，以后每 10~15 天浇水一次，隔一次水追肥一次，每次追尿素 10~15千克，配施硫酸钾复合肥 6 千克，并且化肥与有机肥交替追施。

（三）植株调整

通常采用双干整枝，即在茄子长到 30 厘米左右时，在主干分枝处选留生长旺盛的 2 条侧枝，其余侧枝都抹去，植株 60~70 厘米时及时吊蔓，并将门茄下面的侧枝全部摘除；门茄上面的侧枝，应在长到 6 厘米左右时摘除，摘除时注意保留 0.5 厘米长的侧枝根部，不能全部摘除，以免影响后期该部位侧芽的萌发。

（四）保花保果

生长调节剂处理，用 1.25%复合型 2，4-D 20~30 毫克/升稀释液涂花柄，要涂在花柄中间偏上的部位，冬天花开地慢，要等到花略微开放点再涂，春天要涂未开放的花。

六、病虫害防治

应遵循预防为主，综合防治的植保方针，有针对性地进行防治。通过嫁接技术可有效缓解茄子的主要病害疫病和黄萎病地发生。发生灰霉病时可通过适当通风，降低湿度来抑制病害发生。在发病初期，就将病叶、病果及时摘除，可用 75%百菌清可湿性粉剂 600 倍液或 50%扑海因可湿性粉剂 1 000 倍液喷雾。发生蚜虫、白粉虱可用10%吡虫啉 1 500 倍液或 20%的啶虫咪 2 000 倍液喷雾。

七、采收

要适时采收，当茄子果皮光泽，果实上萼片下的白色或淡绿色环带变窄或者不明显时，表示果实生长转慢，已充分成熟，可以采收。

第五节　温室辣椒栽培技术

一、育苗

辣椒中下部的花芽在苗期已分化完成，所以培育粗壮苗，对花芽分化质量、提前开花结果十分重要。育苗期适宜温度内，苗龄一般在 35 天左右，至现花蕾未开花时定植。一般为 9~13 片真叶。苗龄过短不利开花坐果。

二、整地施肥定植

（一）施肥

辣椒喜钾肥、磷肥。磷肥应配合有机肥沤制腐熟一次施足，多施钾肥。正常情况下，每亩用重过磷酸钙（含磷 46%）50 千克。偏施氮肥过多，叶大枝嫩，易徒长，对开花、坐果及后期生长不利，果实绿色变深，膨果速度慢。

（二）整地

定植前后，对土壤和定植穴做好消毒处理，及时预防根腐病和茎基腐病（疫病即烂脖根）。

三、定植后管理

（一）水分管理

辣椒不耐旱，也不耐涝，该品种根系发达，长势旺盛，开花坐果前，不要大水漫灌或浇水过勤，要控制长势，以防徒长和沤根。

（二）温度管理

辣椒适应生长温度 15.5~35 ℃，温度过高或过低，都会影响正常开花结果。棚室内适宜温度应控制在 18~28 ℃。

（三）肥料管理

辣椒连续坐果能力强，果大，产量高，坐果后应加强肥、水管理。以高氮、高钾、高钙及含有中微量元素肥料及时追肥，保证中后期产量和果实商品性。大量结果期，氮：磷：钾＝18：5：22 及含钙、镁、锌、铁等微量元素肥料，每亩（实用面积）一次追施 30~50 千克。辣椒采收时不宜空棵，以防上部旺长不坐果。

四、病虫害防治

通风、降湿、增加光照，病害高发期，针对性地喷施预防性农药，发现病害准确诊断，准确用药。

（一）设施防护

在放风口用防虫网封闭，夏季覆盖塑料薄膜、防虫网和遮阳网，进行避雨、遮阳、防虫栽培，减轻病虫害的发生。

（二）黄板诱杀

设施内悬挂黄板诱杀蚜虫等害虫。黄板规格 25 厘米×40 厘米，每 667 平方米悬挂 30~40 块。

（三）银灰膜驱避蚜虫

铺银灰色地膜或张挂银灰膜膜条避蚜。

（四）化学农药防治病虫害

1. 蚜虫、烟青虫

蚜虫、烟青虫发生时每 667 平方米可选用 2.5%溴氢菊酯乳油 20~30 毫升对水喷雾防治。

2. 根腐病、茎基腐病

在辣椒定植时，应穴施专用制剂，及早控制、预防。每 667 平方米用 75%百菌清可湿性粉剂 80~120 克的 500~700 倍液喷洒一次。

3. 白粉病

发生白粉病可使用三脞酮（粉锈宁）、噻菌灵（特克多）、5%己唑醇微乳剂 40 克/亩喷雾药剂进行防治。

4. 疮痂病

72%农用链霉素 10 克/亩对水 45 千克喷雾防治疮痂病。

五、采收

定植后 40~50 天开始采收，门椒和对椒适当早收，为防折断枝条应用剪刀剪收。应注意在农药安全间隔期后采收，所用工具要清洁、卫生、无污染。辣椒采收前后应及时喷一次杀菌剂，防止病菌从伤口侵入引起茎秆腐烂。

第六节 温室辣椒剪枝再生栽培技术

近年来，随着通辽市设施农业的发展，辣椒日光温室种植面积迅速增加，种植模式有早春茬、秋延后和越冬茬 3 个模式，每个种植模式均采收 1 个生长季。为了延长辣椒的生长期并提高效益，发挥日光温室周年生产的优势，充分利用日光温室的地力和夏季休闲期，经过 3 年的种植试验，利用辣椒植株具有器官再生无限开花这一特性，对辣椒植株进行剪枝再生栽培技术，促使辣椒长出新枝，再开花结果，从而延长采收期，提高产量。

一、第一茬辣椒管理要点

（一）品种选择

选用根系发达、再生能力强、高产、抗病的辣椒品种。

（二）播前准备

将过筛后的田园土、腐熟有机肥和珍珠岩按照 6：3：1 的比例配制营养土，并用多菌灵药液进行杀菌消毒处理，将营养土拌匀堆焖 3~4 天后使用。将配好的营养土装入 50 孔穴盘中，把装好的穴盘摆入提前挖好的苗床上，苗床大小根据穴盘大小和播种量确定。

（三）适时播种

通辽地区早春茬辣椒育大苗，播种时间一般为 12 月 15 日左右。播种前把穴盘浇透水，待水分渗下后进行开穴，穴深 2 厘米左右，每穴播 1~2 粒种子，播种后覆 1 厘米左右营养土，为了保墒增温提高种子的发芽率和出苗速度，在穴盘上铺塑料薄膜，在苗床上支塑料小拱棚。

（四）苗期管理

温度和光照是通辽地区早春茬育苗管理的关键因素，如遇极端天气应对育苗温室进行加温和补光。白天温度应控制在 22~27 ℃，夜间控制在 18~20 ℃。播种后至出苗前不再浇水，出苗后根据苗情和墒情，小水勤浇。待幼苗两叶一心时掀掉塑料薄膜，适当降低温度，避免徒长。

（五）定植前准备

定植前应逐步打开小拱棚，对辣椒幼苗进行低温炼苗。对温室土壤进行整地施肥翻耕。辣椒是喜肥作物，定植前每亩施腐熟农家肥 5 000 千克，复合肥 30 千克，深翻土壤 15~20 厘米，整地做垄，垄距 80 厘米，垄高 35 厘米，铺设滴灌设备，垄上覆盖塑料薄膜。

（六）定植

通辽地区早春茬定植时间一般在 2 月 20 日左右，选择在晴天的上午或傍晚进行。垄上开 6~7 厘米深穴，株距 30 厘米左右，定植后浇一遍定根水。缓苗期间白天温度应控制在 20~25 ℃，夜间控制在 10~15 ℃，空气湿度控制在 40%~50%。

（七）田间管理

为防止落花落果，温度白天应控制在 20~30 ℃，夜间 15~20 ℃，湿度高于 50% 时应通风。在门椒膨大期，用水溶性冲施肥追肥一次。及时吊绳拢叶，摘除底部病叶老叶，叶腋处的无用枝随出随抹，利于通风透光，减少营养消耗。

（八）适时采收

辣椒的连续坐果能力较强，且早春茬的价格优势明显，因此要及时采收，提高产量和效益。一般进入 4 月中旬即可采收，每次采收后，用水溶性冲施肥追肥一次。6

月末第一茬辣椒采收基本结束。

二、剪枝及剪枝后管理

（一）适时剪枝

7月中旬，在第一茬辣椒采收完毕后，气温进入高温期，植株生长量减少，结果部位逐渐远离主茎，植株开始衰老，此时是进行辣椒植株修剪的最佳时期，并且第二茬辣椒上市的时间正好处于露地和设施辣椒销售的空档期，可以获得较好的效益。

（二）剪枝方法

在剪枝前 15 天左右，对植株进行打顶，不让植株形成新的梢和花蕾，促使下部侧枝及早萌动。修剪的方法是用较锋利的修枝刀将"四门斗"以上枝条全部剪除，剪口在分枝以上 1 厘米处，剪口斜向下且光滑。剪枝应在晴天的上午进行，用 0.1% 的高锰酸钾溶液或 75% 的乙醇为剪枝刀消毒，每剪一株消毒一次。

（三）剪枝后管理

剪枝后要立即进行施肥，每亩施用腐熟有机肥 800~1 000 千克，并加入三元复合肥 10 千克，施肥后结合中耕进行培土，疏松板结的土壤，每 10 天左右浇一次水。及时清除温室内的残叶和病株。为防止病虫侵害剪枝切口，剪枝后用 50% 多菌灵可湿性粉剂或 75% 百菌清可湿性粉剂 500 倍液喷雾 1 次。辣椒适宜的生长温度为 23~28 ℃，7 月中旬至 8 月中旬温度较高，要及时放风，拉遮阳网降低光照强度，使剪枝后温度控制在辣椒适宜生长的温度范围内。

（四）再生植株管理

剪枝后，植株上萌发的侧芽较多，为集中植株营养，一般选取 5~7 个生长势良好的侧芽做为新枝，其余腋芽应及时抹去，每株保果 14 个左右。待新枝长至 25 厘米左右时，要及时整枝吊绳。在剪枝后 40 天左右，辣椒植株开始开花结果，12 月中上旬开始采收。

三、病虫害防治

辣椒猝倒病主要发生在苗期，可用百菌清或多菌灵防治。灰霉病也易于苗期发病，可用普海因或速克灵防治。疫病在苗期和成株期均可发生，可用乙磷锰锌、百菌清或杀毒矾防治。辣椒炭疽病主要发生在成株期，常用炭疽福镁、甲基托布津或百菌清防治。

辣椒主要虫害有白粉虱、蚜虫、蓟马等，可用吡虫啉、溴氰菊酯乳油或阿维菌素进行防治。

第七节　温室芹菜栽培技术

一、品种选择

（一）本芹品种

津南实芹 2 号、神农实芹、马厂芹菜等。

（二）西芹品种

四季西芹、美国大禹西芹、中芹一号等。

二、生产日期

定植期 8 月下旬至 9 月中旬（定植过晚不易扎根），苗龄 60 天，育苗时间 6—

7 月。

三、培育壮苗

（一）种子灭菌

50~55 ℃温水浸种 10~15 分钟，再用 1% 的高锰酸钾溶液浸泡 15 分钟，洗净，浸种催芽。

（二）播种及苗期管理

育苗播种量 50 克干种需要 12 平方米，过密过疏都不利于生长，当株高 2 厘米时，密度高的可适当去掉部分苗株办法，使秧苗达到壮苗的目的。出苗后小苗抗性差，要保持土壤湿润，每 7 天左右喷施 800 倍液苗菌敌，防止病菌感染而猝死；同时要防治蚜虫，一般用 10% 吡虫啉 2 000 倍液喷施。苗期要进行疏苗（苗距 1 厘米，有利于壮苗的形成），株高 10~12 厘米较适宜栽植。

四、整地施肥

（一）施肥

亩施优质农家肥 5 000 千克、磷酸二铵 12 千克、50% 硫酸钾 15 千克、过磷酸钙 20 千克。

（二）整地

畦面宽 80 厘米，畦埂 20 厘米。

五、定植

一定要先浇水后定植，以提高成活率。定植不宜过深，浇水苗根不能浮起即可，过深不利缓苗。定植苗情要经过选挑尽量达到苗情一致。定植适宜在温度转凉时，高温季节定植不易成活。定植株行距：一般密植株行距 10 厘米×12 厘米，每穴 2~3 株，西芹稀植时定植为单株 10 厘米株行距。

六、蹲苗期管理

白天温度不能超过 25 ℃，最好温度范围在 15~20 ℃内，夜间 5 ℃即可。要少浇水，诱发根系发育强壮，但是不可过旱，及时除掉苗中的杂草。蹲苗团棵时在 10—11 月，外界温度不是很低，此时条件允许最好昼夜通风，等到团棵封地，蹲苗结束。

七、生长期的管理

（一）肥水管理

酌情施肥浇水，施肥一般以尿素为主，亩施肥 15~18 千克为宜，钾含量高的复合型冲施肥每亩 8 千克。

（二）温度管理

白天保持 20~25 ℃，夜间 5~8 ℃。

八、病虫害防治

通风、降湿、增加光照,病害高发期,针对性地喷施预防性农药,发现病害准确诊断,准确用药。

(一)设施防护

在放风口用防虫网封闭,夏季覆盖塑料薄膜、防虫网和遮阳网,进行避雨、遮阳、防虫栽培,减轻病虫害的发生。

(二)黄板诱杀

设施内悬挂黄板诱杀蚜虫等害虫。黄板规格25厘米×40厘米,每667平方米悬挂30~40块。

(三)银灰膜驱避蚜虫

铺银灰色地膜或张挂银灰膜膜条避蚜。

(四)采用低毒高效的药剂防治

发生白粉病可用5%己唑醇微乳剂40克/亩喷雾防治。

第八节　温室菠菜栽培技术

一、品种选择

选用优质高产、抗病虫、抗逆性强、适应性广、商品性好的菠菜品种。

二、种子处理

用温水浸种 20 分钟，然后投入冷水中浸种 1~2 小时，洗净晾干后播种。

三、播前准备

整地施肥，每 667 平方米用优质腐熟有机肥 4 000 千克，深耕 20 厘米，整平、耙实。

四、播种

条播或撒播后覆土，每 667 平方米播种量 4~6 千克，播后镇压、耙平，然后浇水。

五、播后管理

遇旱浇蒙头水，2 片真叶前保持土壤湿润，中耕间苗，3 片叶时，7 天喷一次 0.3%磷酸二氢钾溶液，连喷 2~3 次。露地越冬注意浇好越冬水和返青水。

六、病虫害防治

（一）主要病虫害

主要病害有霜霉病、病毒病；主要虫害有甜菜夜蛾、美洲斑潜蝇、甘蓝夜蛾、小菜蛾。

（二）防治原则

贯彻"预防为主，综合防治"的植保方针，根据有害生物综合治理（IPM）的基本原则。采用以抗（耐）病虫品种为主，以栽培防治为重点，生物防治、生态防治、物理防治与化学防治相结合的综合防治措施，将病虫危害损失程度控制在经济阈值以下，农药残留量符合国家规定。

（三）防治方法

1. 农业防治

选用抗（耐）病虫品种，优化栽培管理措施，减少病虫源基数和侵染机会。

2. 生物防治

①防治菜青虫、小菜蛾、甘兰夜蛾等每公顷可采用 100 亿活芽孢/克苏云金杆菌 WP 1 500~4 500克、1.8%虫螨克 EC 6~9 克等药剂喷施。

②保护和利用瓢虫、草蛉、食蚜蝇等捕食性天敌。

3. 物理防治

①蚜虫、白粉虱、斑潜蝇类害虫采用银灰膜或避蚜黄板（柱）诱杀防治。

②温室大棚生产利用防虫网、遮阳网防虫。

4. 化学防治

在加强病虫测报和田间调查的基础上，掌握病虫害发生动态，适时进行药剂防治。所选药剂注意混用或交替使用减少病虫抗药性，施用农药要严格按照 GB 4285、GB 8321.1—6 准则执行。

①见病害防治推荐使用药剂。防治霜霉病推荐每公顷使用 58%甲霜灵锰锌 WP 2 250~2 800克；52.5%抑快净 WG 350~525 克；69%安克锰锌 WP 1 500~2 000克或 72.2%普力克 AS 1 170~1 620 克；70%百菌清 WP 1 125~2 400 克等药剂喷施。防治病毒病推荐每公顷使用 20%病毒克星水剂 400~600 克喷雾；20%吗啉呱·乙铜 WP500~750 克喷雾；每千克用 5%菌毒清水剂 166~250 克喷雾。

②常见虫害推荐使用农药。防治菜蚜推荐每公顷使用50%辟蚜雾（抗蚜威）WP 150～270克；25%快杀灵EC 750～900克等药剂喷雾。防治菜青虫、小菜蛾、甘蓝夜蛾推荐每公顷使用菊酯类或18%杀虫双水剂540～675克喷雾；52.25%农地乐EC 247.5～495.8克及阿维菌素等农药喷施。防治斑潜蝇推荐使用50%灭蝇胺WP 225～338克或40%绿菜宝EC 360～450克喷施。防治白粉虱推荐使用10%天王星EC 75～150克喷施。

③病虫防治应积极推广使用新的高效、低毒、低残留农药及生物农药，严禁使用国家禁止使用的农药。

七、适时采收

菠菜从4～5片叶幼苗到成株均可采收，经检测合格方可上市。收获的波菜禁止用污水洗涤。采收过程中所用的工具清洁、卫生、无污染。

第九节 温室香菜栽培技术

一、品种选择

选用优质高产、抗病虫、抗逆性强、适应性广、商品性好的香菜品种。

二、选地施肥

选好地、施足肥、细整地。香菜生长期短，春、夏、秋季均可种植。主根粗壮，系浅根性蔬菜，且芽软顶力差，吸肥能力强。必须选择在排水良好，肥沃疏松，保水保肥的壤土上，可利用早西红柿、黄瓜、豆角等为前茬。于种植前，随耕翻每亩施入3 000～5 000千克腐熟好的农家肥，耙细整平做畦，一般畦宽1米，畦长依地形、水源而定，要有利种植管理和香菜健壮生长。

三、适时播种

香菜品种有大叶和小叶型。小叶耐寒性强，香味浓，生食，调味和腌渍均可，适宜秋季种植。播种前应先把种子搓开，以防发芽慢和出双苗，影响单株生长。适宜播种期是 7 月下旬以后。条播行距 10~15 厘米，开沟深 5 厘米，撒播开沟深 4 厘米。条播、撒播均盖土 2~3 厘米，每亩用种量 3~4 千克。播后用脚踩一遍，然后浇水，保持土壤湿润，以利出苗。播后及时查苗，如发现幼苗出土时有土壤板结现象时，要抓紧时间喷水松土，以助幼芽出土，促进迅速生长。

四、病虫害防治

香菜因本身具有特殊气味，病虫害相对较少，如发生病虫害可用下列方法防治。

（一）物理防治

蚜虫、白粉虱、斑潜蝇类害虫采用银灰膜或避蚜黄板（柱）诱杀防治。温室大棚生产利用防虫网、遮阳网防虫。

（二）定苗后病虫防治

1. 立枯病

发病初期，用 5%井岗霉素水剂 1 500 倍液、72.7%普力克水剂 800 倍液，每平方米 2~3 升，7~10 天 1 次，连喷 2~3 次。

2. 叶斑病

发病初期选用 75%百菌清或 50%多霉威可湿性粉剂 1 000 倍液喷雾，7 天 1 次，连喷 2~3 次。采收前 7 天停止用药。

3. 软腐病

发病初期可选用 72%农用链霉素可溶性粉剂或新植霉素 3 000 倍液喷洒 2~3 次，采前 3 天停止用药。

4. 白粉病

发病初期用 2%武夷菌素水剂 200 倍液喷雾，或 10%世高水分散颗粒剂 3 000 倍液，或 25%敌力脱 3 000 倍液喷雾，连防 2~3 次。

5. 黑腐病

发病初期，选用 36%甲基硫菌灵悬浮剂 400 倍液喷雾，或 10%双效灵水剂 250 倍液，7~10 天 1 次，连防 2~3 次。

6. 花叶病毒病

首先用 10%吡虫啉可湿性粉剂 1 500 倍液喷雾防治蚜虫，采前 7 天停止用药。发病初期用 5%菌毒清 500 倍液加 20%病毒 A 水溶性粉剂 500 倍液喷雾，10 天 1 次，连用 2 次，采前 3 天停用药。

五、收获及贮存

香菜在高温时播种后 30 天，而低温时播种后 40~60 天便可收获。收获可间拔，也可一次收获。

第十节　圆葱栽培技术

一、播种育苗

（一）播种期

一般在 9 月 10—20 日播种，苗龄 50~60 天。

（二）苗床准备

苗床应选择地势较高、排灌方便、土壤肥沃、近年来没有种过葱蒜类作物的田块，以中性壤土为宜。每100平方米苗床施有机肥300千克，过磷酸钙5~10千克。做成宽1.5~1.6米，长7~10米的畦，即可播种育苗。

（三）播种方法

1. 条播

先在苗床畦面上开9~10厘米间距的小沟，沟深1.5~2厘米，播种后用笤帚横扫覆土，再用脚力将播种沟的土踩实，随即浇水。

2. 撒播

先在苗床浇足底水，渗透后撒一薄层细土，再撒播种籽，然后再覆土1.5厘米。

（四）播种量

每100平方米的苗床面积播种子600~700克。

（五）苗期管理

播种后一定要保持苗床湿润，幼苗长出第一片真叶后，适当控制浇水；"拉弓"的"伸腰"时及时浇水，播种后到小苗出土要浇水2~3次。

幼苗期结合浇水进行追肥，施肥量每亩氮素化肥10~15千克。幼苗发出1~2片真叶时，要及时除草，并进行间苗，撒播的保持苗距3~4厘米，条播的约3厘米左右。

二、整地施肥

圆葱根系浅，吸收能力弱，所以耕地不宜深，但要求精细。每亩可施优质的腐熟农家肥2 000千克，再混入过磷酸钙16~20千克和适量钾肥。

三、定植

（一）分级选苗

定植时要选取根系发达、生长健壮，大小均匀的幼苗；淘汰徒长苗、矮化苗、病苗、分枝苗、生长过大过小的苗。

（二）定植密度

一般行距 15~18 厘米，株距 10~13 厘米，每亩可栽植 3 万株左右。

（三）定植时间

严寒到来之前 30~40 天定植为宜。

四、田间管理

（一）浇水

圆葱定植以后约 20 天后进入缓苗期，每次浇水的数量要少，秋栽洋葱秧苗成活后即进入越冬期，适时浇越冬水。越冬后返青，既要浇水，促进生长，又要控制浇水，蹲苗 15 天左右。结束蹲苗开始浇水，每隔 8~9 天浇一次水，采收前 7~8 天要停止浇水。

（二）施肥

圆葱对肥料的要求，每亩需氮 13~15 千克、磷 8~10 千克、钾 10~12 千克。

（三）中耕松土

中耕深度以 3 厘米左右为宜，定植株处要浅，远离植株的地方要深。

（四）除薹

对于早期抽薹的圆葱，在花球形成前，从花苞的下部剪除，或从花薹尖端分开。

五、病虫害防治

圆葱常见的病害有霜霉病、紫斑病、萎缩病、软腐病等，常见的虫害有种蝇、蓟马、红蜘蛛、蛴螬、蝼蛄等。在进行田间管理时，要细心观察各种病虫害的发生情况，发现病虫危害，要及时购药防治。

六、采收

圆葱采收一般在 5 月底至 6 月上旬，圆葱采收后要在田间晾晒 2~3 天。直接上市的可削去根部，并在鳞茎上部假茎处剪断，即可出售。

第十一节　圆葱套种葵花栽培技术

圆葱栽培在通辽市已有十几年的历史，最初几年圆葱收获后大部分耕地闲置，只有少部分套种白菜、萝卜、辣椒，但效益很不稳定，其套种模式没有得到大面积推广。从 2005 年开始在科左中旗推广圆葱套种葵花模式，效益逐年提高，面积也逐年扩大。圆葱套种葵花栽培模式栽培技术介绍如下。

一、圆葱温室育苗

（一）播种育苗

2 月初在温室内平整土地，做成 1 米宽畦田，每平方米施复合肥 50 克，浅翻 15 厘米左右，待播。2月5日左右先浇透水，人工撒播种子每平方米红葱播8克，黄葱播10克，播后将种子拍入泥中，覆土1厘米，畦面撒毒谷后盖地膜保温保湿。80%出苗后撤掉地膜，室温要控制在30℃以下。

（二）水分管理

圆葱根系浅，应经常保持土壤湿润，苗出齐后浇一次水，以后10天左右浇一次水，每次浇水要选晴天上午进行，栽前7~10天通风控水炼苗。

（三）肥料管理

圆葱苗2叶1心时，结合浇水亩追尿素6千克或硫铵13千克，隔20天后结合浇水亩追尿素10千克或硫铵23千克，还可结合病虫防治叶面喷肥2~3次。

（四）病虫害防治

每次浇水后都要及时防治蝼蛄，葱苗2叶1心时开始用爱福丁、威敌、绿菜宝等防治潜叶蝇等害虫，以后每隔10天左右防治一次。苗出齐后用敌克松、百菌清等喷雾防猝倒病等病害，中后期用普海因、速克灵等防治灰霉病等病害。

（五）起苗

栽前2~3天起苗，每200株左右捆成一把，放在阴凉通风处准备栽植。也可边栽边起，最好是起前3~5天浇水，起苗时不要浇水。

二、大田栽培

（一）整地、施肥、平地和铺膜

4月上旬在春耙的基础上做成2米宽的畦田，畦长可根据地势而定，一般畦长20~50米。亩施优质腐熟灭虫后的农家肥2 500千克，高效复合肥25千克，磷酸二铵25

千克，浅翻 10 厘米左右，每亩用 150 克氟乐灵或 125 克施田补加水 30 千克喷洒，畦面平整后铺地膜，膜上撒少量细土。

（二）选苗

栽前严格选苗，大小苗分级，淘汰劣苗，栽前用敌百虫 800 倍液浸根 10 分钟灭虫。

（三）移栽

4 月中旬膜上打孔栽苗，栽植深度 2 厘米左右，用土封好苗孔。栽植深度可灵活掌握，一般株行距 15 厘米×15 厘米。

三、田间管理

（一）水分管理

移栽后 5~7 天浇缓苗水，浇缓苗水前查田补苗，以后根据天气情况 10 天左右浇一次水，生长盛期 7 天左右浇一次水。

（二）肥料管理

缓苗后叶面喷肥 3~5 次，15 千克水加 60 克磷酸二氢钾和 10 克云大 120 或其他生长素，7~10 天一次，也可结合防治病虫时进行。

栽后 20 天左右结合浇水亩追尿素 10 千克（或硫铵 20 千克或碳铵 30 千克）。

栽后 40 天左右结合浇水亩追尿素 15 千克（或硫铵 30 千克或碳铵 45 千克），复合肥 7.5 千克、二铵 7.5 千克。

栽后 60 天左右结合浇水亩追尿素 15 千克（或硫铵 30 千克或碳铵 45 千克），复合肥 7.5 千克、二铵 7.5 千克。

栽后 80 天左右结合浇水亩追尿素 10 千克（或硫铵 20 千克或碳铵 30 千克），复合肥 10 千克、二铵 10 千克。

（三）病虫管理

1. 防虫

缓苗后用敌百虫、爱福丁、绿菜宝等农药防治潜叶蝇等害虫，以后每 10 天左右防治一次。

2. 防病

6 月中旬开始用代森锰锌、葱菌净、百菌清等农药防治紫斑病、霜霉病；6 月下旬以后用病毒 A、链霉素等防治病毒病、腐烂病。

四、圆葱套种葵花

6 月 24—26 日在圆葱畦埂两侧各种一行葵花，品种选用美葵 SH7101 或 SH7105 等，株距 33~40 厘米。单粒播种，注意防鼠害和鸟害。水肥管理结合圆葱进行，不需单独管理。

五、收获

（一）圆葱收获

地上叶片 70% 以上倒伏时开始收获，将葱头起出后放在田间晾晒 3~5 天，待葱叶全部干枯后分级编辫或剪枯叶（顶部剪口留 3 厘米），然后分级堆放（放在遮荫通风处）。

（二）葵花收获

一般在 10 月上中旬收获。为了保证质量，要及时脱粒、晾晒。

第十二节　圆葱套栽绿茄技术

在开鲁县开鲁镇联合村推广圆葱套栽绿茄技术，即在圆葱收获前10天，套栽西安绿茄，圆葱平均亩产量达到4 000千克、绿茄平均亩产2 600千克，两茬作物平均亩纯收入达到1.1万元左右，效益可观。

一、圆葱栽培技术

（一）品种选择

福星（圣尼斯种业）。

（二）育苗时间

于前一年8月中旬育苗，9月25日左右起苗，挑选去除小苗、弱苗、病虫害苗后捆成80~100株的小捆，放背阴处用沙土培埋越冬。

（三）移栽前整地

要求选择肥力较好的中性园田土，机械旋耕15~20厘米深，平整后做畦，畦面宽为100厘米。结合整地，平均亩施农家肥3 000千克、磷酸二铵30千克充分混拌土壤中。

（四）覆膜后移栽

最佳移栽日期为4月1—5日。移栽前，浇透水并覆盖地膜、用20厘米×13厘米（行株距）打孔器打孔移栽，平均每亩移栽有效苗26 000株。

（五）田间管理

1. 水分管理

由于圆葱为浅根系作物，当圆葱移栽缓苗后，应本着浅浇水的原则进行水分管理。

2. 肥料管理

全生育期内共追施肥三次，第一次在缓苗后10~15天，第二次在鳞茎初期，第三次在鳞茎膨大期，追肥品种以含有磷、钾元素的冲施专用肥为主，适当加碳酸氢铵，每次冲施专用肥10~15千克加碳酸氢铵10千克。进入鳞茎膨大期后，每隔10天左右，叶面喷施磷酸二氢钾2~3次，可有效保证叶片功能及补充肥料供应。

3. 病虫害防治

主要在6月末重点防治葱蝇的发生，可用40%辛硫磷或5%高效氯氰菊酯进行叶面及地面喷施；全生育期内蓟马发生频率最高，要随时进行防治，可用1.8%阿维菌素1 500倍液或5%高效氯氰菊酯1 000倍液喷雾。进入6月末及7月收获前，注意紫斑病、霜霉病的发生，发生时可用百菌清、雷多米尔等800倍液喷雾。

4. 及时收获

绿茄苗套栽缓苗进入正常生长阶段，大概日期为7月18—20日，圆葱进入最佳收获期，应进行及时收获、及时晾晒、及时出售。

二、套栽绿茄栽培技术

（一）育苗

绿茄苗在5月15日左右开始育苗，苗龄在60天左右。

（二）移栽

当圆葱假茎倒伏后，即收获前10天左右，将茄苗移栽到洋葱畦内，亩移栽茄苗

3 500 株左右，即每畦两行，株距 35 厘米。

（三）田间管理

圆葱收获后，正值茄苗进入旺盛生长期，同时门茄已出现，为此要保证水肥供应和病虫害防治。

1. 水分管理

因为此时正是一年中气温最高的阶段，也是茄苗生长旺盛阶段，更是水肥需求高峰期，为此要充分保证水肥供应。

2. 肥料管理

由于移栽时没有底肥施入，为此洋葱收获后，结合浇水，每亩扎眼追施复合肥 25 千克，当门茄采摘后，亩扎眼追施尿素 15~20 千克。

3. 病虫害防治

当蚜虫发生时，可用 10% 吡虫啉 800 倍液喷雾；烟青虫、棉铃虫发生时，用 5% 高效氯氰菊酯 1 000 倍液防治。黄萎病、枯萎病发生时，及时拔除病苗、带出田间处理；立秋后，及时防治绵疫病及早疫、晚疫病，如发病可用 25% 嘧菌酯悬浮剂 900 倍液或 10% 苯醚甲环唑水分颗粒剂 600 倍液，或 53% 精甲霜灵·锰锌水分散粒剂 500 倍液，每隔 7~10 天防治一次。

第十三节　露地大白菜栽培技术

一、品种选择

（一）选择原则

选用抗病、优质、丰产、抗逆性强、商品性好的品种。要根据种植季节不同，选择适宜的种植品种。

（二）种子处理

防治霜霉病、黑斑病可用50%福美双可湿性粉剂，或用75%的百菌清可湿性粉剂，按种子量的0.4%拌种；防治软腐病可用菜丰宁或专用种子包衣剂拌种。

二、整地与施肥

（一）整地

早耕多翻，打碎耙平，施足基肥。耕层的深度在15～20厘米。多采用平畦栽培。

（二）施肥

建议以施用有机肥或生物有机肥为主，不使用工业废弃物、城市垃圾和污泥。不使用未经发酵腐熟、未达到无害化指标、重金属超标的人畜粪尿等有机肥料。结合整地，施入基肥，基肥量每667平方米施腐熟的有机肥3 000千克以上。

三、播种

根据气象条件和品种特性选择适宜的播期，秋白菜一般在夏末初秋播种。叶球成熟后随时采收。可采用穴播或条播，播后盖细土0.5～1厘米，搂平压实。

通辽地区采用撒播或开沟条播、点播，播种量每公顷为3.6～3.8千克。定植密度为行距24～26厘米，株距24～26厘米。保护地种植密度为行距20～25厘米，株距15厘米。

四、田间管理

（一）间苗定苗

出苗后及时间苗，7~8 叶时定苗。如缺苗应及时补栽。

（二）中耕除草

间苗后及时中耕除草，封垄前进行最后一次中耕。中耕时前浅后深，避免伤根。

（三）合理浇水

播种后及时浇水，保证齐苗壮苗；定苗、定植或补栽后浇水，促进返苗；莲座初期浇水促进发棵；包心初中期结合追肥浇水，后期适当控水促进包心。

（四）追肥

追肥以速效氮肥为主，应根据土壤肥力和生长状况在幼苗期、莲座期、结球初期和结球中期分期施用。为保证大白菜优质，在结球初期重点追施氮肥，一般亩追尿素 15~20 千克，并注意追施速效磷钾肥。收获前 20 天内不应使用速效氮肥。合理采用根外施肥技术，通过叶面喷施快速补充营养。

五、病虫害防治

（一）农业防治

选用无病种子及抗病优良品种；培育无病虫害壮苗；合理布局，实行轮作倒茬；注意灌水、排水，防止土壤干旱和积水；清洁田园、加强除草降低病虫源数量。

（二）生物防治

保护天敌。创造有利于天敌生存的环境条件，选择对天敌杀伤力低的农药；释放天敌，如扑食螨、寄生蜂等。

（三）物理防治

保护地栽培采用黄板诱杀、银灰膜避蚜和防虫网阻隔防范措施；大面积露地栽培可采用杀虫灯诱杀害虫。

（四）药剂防治

药剂使用的原则和要求：禁止使用国家明令禁止的高毒、剧毒、高残留的农药及其混配农药品种，合理混用、轮换、交替用药，防止和推迟病虫害抗性的产生和发展。

1. 软腐病

用 72%农用硫酸链霉素可溶性粉剂 4 000 倍液，新植霉素 4 000~5 000 倍液喷雾。

2. 霜霉病

选用 25%甲霜灵可湿性粉剂 750 倍液，或 69%安克锰可湿性粉剂 1 000~1 200 倍液，或 72%霜脲锰可湿性粉剂 600~750 倍液，或 75%百菌清可湿性粉剂 500 倍液等喷雾。交替、轮换使用，每隔 7~10 天喷一次，连续防治 2~3 次。

3. 炭疽病和黑斑病

选用 80%大生可湿性粉剂 500~600 倍液，或 80%炭疽福美可湿性粉剂 800 倍液喷雾。

4. 病毒病

可在定植前后喷一次 20%病毒 A 可湿性粉剂 600 倍液，或 1.5%植病灵乳油 1 000~1 500 倍液喷雾。

5. 菜蚜

可用 40%乐果乳油 1 000~1 500 倍液，或 10%吡虫啉 1 500 倍液，或 3%啶虫脒

3 000 倍液，或 5%啶高氯 3 000 倍液，或 50%抗蚜威可湿性粉剂 2 000~3 000 倍液喷雾。

6. 小菜蛾、菜青虫

可用苏云金杆菌乳剂或杀螟杆菌 800~1 000 倍液防治。化学药剂可采用阿维菌素防治小菜蛾、菜青虫，在低龄幼虫期使用 1 000~1 500 倍 2%阿维菌素乳油可有效地控制其为害，药后 14 天对小菜蛾的防效仍达 90%~95%，对菜青虫的防效可达 95%以上。

六、采收

白菜从 4~5 片叶幼苗到成株均可采收。

第二章　特色经济作物栽培技术

第一节　红干椒高产栽培技术规程

一、红干椒常规育苗技术规程

根据实际，选择庭院或设施农业小区内的现有大棚或温室进行红干椒育苗。

（一）场所消毒

采用熏蒸和喷雾方法对育苗大棚或温室的空间和地面进行消毒。

1. 熏蒸法

用40%的甲醛5克/平方米+高锰酸钾5克/平方米混合后产生的气体密闭熏蒸温室，或选用45%百菌清烟雾剂，或69%烯酰吗啉烟雾剂、或60%百·腐烟雾剂、45%嘧霉胺烟雾剂、30%异丙威·哒螨灵烟雾剂、或85%敌百虫烟雾剂、杀虫烟雾剂和杀菌烟雾剂可同时进行熏蒸消毒。密闭1~2天。

2. 喷雾法

选用广谱性杀菌剂和杀虫剂混合溶液（现配现用）全面喷施育苗场地，喷雾时应注意对墙角、死角和周围环境进行喷施。

（二）种子选择

种子选择符合《红干椒品种选择准则》。

1. 播前准备

营养土配制：用近3~5年内未种过茄科蔬菜的园土与优质腐熟有机肥混合，有机肥比例30%~40%，另加粉碎的磷酸二铵和硫酸钾各0.5~1千克/立方米。

营养土消毒：用 40% 的甲醛 150~250 毫升，加水 15 千克喷洒营养土混拌均匀，用薄膜密封苗床 5 天，揭膜后摊开晾晒 15 天后使用。

整地做床：苗床采用 1 米宽平畦，铺 8~10 厘米营养土。

2. 种子处理

浸种消毒：用 10% 磷酸三钠溶液浸种 20 分钟，或 40% 的甲醛 300 倍液浸种 30 分钟，或 0.1% 高锰酸钾溶液浸种 20 分钟，捞出冲洗干净后催芽。或把种子放入清水浸泡 10 分钟，捞出再放入 55℃ 温水恒温浸泡 15 分钟，并不断搅动，然后转入室温浸泡 12~15 小时。

催芽：浸泡好的种子用纱布或湿毛巾包好置于 28~30℃ 的条件下催芽，每天翻动、淘洗 2~3 次。3~4 天后，当有 60% 种子露白时播种。若不能按时播种，可将种子保湿并放在 2~5℃ 低温下蹲芽待播。

（三）播种

1. 播期

大棚一般在 3 月 20 日~4 月 1 日，温室一般在 2 月 25 日~3 月 5 日。

2. 播量

苗床分苗播种量 15 克/平方米，不分苗播种量 7 克/平方米左右。

3. 药土配制

用 50% 多菌灵可湿性粉剂与 50% 福美双可湿性粉剂按 1：1 混合，或 25% 甲霜灵可湿性粉剂与 70% 代森锰锌可湿性粉剂按 9：1 混合，每立方米营养土用药 80~100 克与 150~300 克细土混合成药土。

4. 播种方式

采用撒播或点播方式播种，播前耙平畦面，浇透水后，撒 0.5 厘米厚的药土，将种子均匀的播入，然后再覆盖 1 厘米厚的药土，覆盖地膜或扣小棚保温保湿。

（四）播后管理

出苗前白天 25~30℃，夜间不低于 18℃；出苗后白天 25~30℃，夜间不低于

15 ℃。白天温度超过 35 ℃时，采用通风或遮阳措施适当降温。

空气相对湿度保持在 60%～70%为宜，最大不超过 80%；基质相对湿度保持在 60%～80%为宜，不可过干过湿。

连阴天或连雨天可配以农用补光灯补充光照。

（五）分苗

秧苗长到三叶期进行分苗，将营养土平铺在分苗床上，营养土厚度 10 厘米，于晴天上午，用苗铲起苗，按照 8 厘米×8 厘米的株行距分苗。

（六）分苗后管理

分苗后及时浇透缓苗水，缓苗后出现干旱，少量补水；空气湿度尽可能控制在 60%～80%；白天温度 25～30 ℃，夜间温度 15～18 ℃，遇霜冻天气夜间用地膜直接盖苗保温；人工清除杂草。

定植前，采取加大放风量、降低温度、减少水分等措施炼苗 7 天以上。

（七）苗期病虫害防治

苗期主要病害有猝倒病、立枯病、根腐病、茎基腐病、疫病及细菌性叶斑病等；虫害有白粉虱、蚜虫、斑潜蝇、红蜘蛛等。

防治原则：按照"预防为主、综合防治"的植保方针，坚持以"农业防治、物理防治、生物防治为主，化学防治为辅助"的绿色防控原则。

农业防治：创造适宜的生长环境，育苗期间控制好室内温度和空气湿度，通过放风、遮阳和辅助加温、降温降湿等，调节不同育苗时期的适宜温度，避免低温和高温障害，并适时适量浇水，以保持温室内较低的湿度，可预防苗期猝倒病、立枯病等苗期病害的发生。

物理防治：育苗设施的放风口、进出口用 50 目以上的防虫网封闭，阻止虫源。在苗床上方 50 厘米处悬挂黄板（25 厘米×40 厘米），诱杀白粉虱、蚜虫、潜叶蝇等害虫。每 667 平方米悬挂 20～30 块。

化学防治：使用化学农药时，应执行 GB 4285、GB/T 8321、GB 2763 和 NY/T393 的相关规定。用药时应合理混用、轮换交替使用，应在 11 时以前或 16 时以后施药。

1. 苗期主要病害防治

猝倒病用 58%甲霜灵锰锌或 72.2%的霜霉威防治。立枯病、根腐病和茎基腐病用 70%的甲基硫菌灵，或 50%多菌灵防治。

疫病发病前或初期用 27%高脂膜 80~100 倍液，或 70%代森锰锌 500 倍液预防，发病后用 72.2%霜霉威水剂 600~800 倍液，或 58%精甲霜灵·锰锌 500 倍液防治。

细菌性叶斑病发病前或初期用 27%高脂膜 80~100 倍液预防，发病后用 72%农用硫酸链霉素 4 000~5 000 倍液，或新植霉素 4 000 倍液等药剂防治。

2. 苗期主要虫害防治

蚜虫、白粉虱、潜叶蝇防治：用 1.2%苦烟碱 800~1 000 倍液，或用 2.5%多杀霉素 1 000~1 500 倍液，或用 3%啶虫脒 1 500~2 000 倍液，或 10%吡虫啉 3 000 倍液，或 1.8%阿维菌素乳油 1 500~2 000 倍液药剂防治。

红蜘蛛：用 10%浏阳霉素 1 500~2 000 倍液，或 40%炔螨特乳油 2 000~2 500 倍液，或 20%哒螨灵可湿性粉剂 1 500~2 000 倍液，石硫合剂（生石灰 1∶硫黄 2∶水10）喷雾。也可用 30%异丙威·哒螨灵熏蒸防治。

（八）秧苗

1. 壮苗标准

秧苗壮苗株高 18~20 厘米，茎粗 0.3~0.4 厘米，真叶 6~8 片，茎秆粗壮，子叶完整，叶色浓绿，无机械损伤，无病虫。

2. 起苗

秧苗达到适宜的苗龄应及时起苗，起苗前浇足水，并喷施一遍杀菌剂，尽可能带土起苗移栽。

二、红干椒高产栽培技术规程

（一）轮作制度

与非茄科作物实行 3~4 年轮作。

（二）定植前准备

1. 整地施基肥

定植田深翻 25 厘米左右，做 3.6 米宽平畦，667 平方米沟施腐熟有机肥约 5 000 千克、氮（N）6 千克、磷（P_2O_5）5 千克、钾（K_2O）6 千克、钙（Ca）2.0~5.0 千克，根据肥料有效养分含量计算施用量。

2. 喷施除草剂

覆膜前用 48%氟乐灵 200 毫升，对水 50 升均匀喷洒地表。

3. 覆膜

一般在秧苗定植前 10 天覆盖地膜。利用覆膜机覆膜，每畦覆 3 幅；或人工顺埂顺风铺膜，紧贴地面，松紧适中，膜边埋入沟内，用土压实封严。

（三）定植

1. 定植时间

一般在 5 月 15 日—25 日。

2. 定植密度

肥力高的土壤 4 500 株/667 平方米左右，肥力中等土壤 5 000 株/667 平方米左右。膜上小行距 40 厘米，膜间大行距 80 厘米，株距 26~30 厘米。

3. 定植方法

膜上扎穴，植入秧苗，栽植深度以不埋没子叶为准，用土壤将栽植穴封严、封实。

定植时以阴天或晴天下午为宜。定植后立即浇水，促进缓苗。

（四）田间管理

1. 水分管理

移栽后浇定植水，5~7天后浇缓苗水，缓苗后适当蹲苗，并及时进行大行间中耕松土，提高地温。干旱不严重尽量不浇水，待门椒长至纽扣大小时，蹲苗结束，开始浇水，保持土壤见湿见干。在涝雨过后，及时排水，预防沤根。

2. 肥料管理

蹲苗结束后，随第一次浇水追施尿素10~15千克/667平方米；盛果期追施45%含量的硫酸钾型复合肥（$N-P_2O_5-K_2O = 15-15-15$）15~20千克/667平方米+尿素5千克/667平方米，追肥采用扎眼深施；进入8月，每隔10~15天，叶面喷施0.2%~0.3%的磷酸二氢钾。

3. 中耕除草

缓苗后，及时浅耕一次。植株开始生长，深耕一次。植株封行以前，再浅耕一次。结合中耕进行除草、培土。

4. 植株调整

及时去除主茎第一分枝以下的侧枝，生产过程中及时摘除病叶、病果。整枝应选择晴天进行，利于加速伤口愈合，防止感染。

（五）病虫害防治

遵循"预防为主，综合防治"的植保方针。坚持以"农业防治、物理防治、生物防治为主，化学防治为辅助"的绿色防控原则。

喷雾机（器）作业质量应符合 NY/T 650 的要求，作业机械的安全性应符合 GB 10395.6 的规定，禁止使用的农药执行中华人民共和国农业部第199号、274号、322号令。

1. 病虫害种类

（1）主要病害。生理性病害主要有脐腐病、日灼病等。真菌类病害：根腐病、茎基腐病、疫病、炭疽病、灰霉病、褐斑病、煤污病、霜霉病、白星病、白粉病等。细菌类病害：疮痂病、软腐病、青枯病、细菌性叶斑病。病毒病害：花叶病毒病、蕨叶病毒病、顶枯病毒病。线虫病：根结线虫病。

（2）主要虫害。地下害虫：蝼蛄、蛴螬、地老虎。地上害虫：蚜虫、烟青虫、白粉虱、红蜘蛛等。

2. 防治方法

（1）农业防治。选用抗病虫品种；培育适龄壮苗；严格实施轮作制度，清洁田园，深翻土地，减少越冬虫源；合理密植，科学施肥和灌水，培育健壮植株；及时摘除病叶、病果，拔除严重病株。

（2）物理防治。田间悬挂黄板诱杀蚜虫、白粉虱、斑潜蝇等；使用频振式杀虫灯和糖醋液诱杀地老虎、蛴螬、烟青虫等成虫；田间铺银灰膜或悬挂银灰膜条趋避有翅蚜；人工摘除害虫卵块和捕杀害虫。

（3）生物防治。

①保护利用天敌。保护利用瓢虫、草蛉、丽蚜小蜂等天敌控制蚜虫、白粉虱等。

② 植物源药剂。推广使用印楝素、苦参碱、烟碱、苦皮藤、鱼藤酮等植物源药剂。

③生物药剂。推荐使用农用硫酸链霉素、新植霉素、浏阳霉素、武夷霉素、苏云金杆菌（BT）、农抗 120、核型多角体病毒、白僵菌、阿维菌素、农抗 120、多杀霉素、多抗霉素等生物药剂。

（4）化学防治。

①病害防治。脐腐病：保持土壤水分均衡供应，间干间湿，控制氮肥用量，果实膨大期叶面喷施 0.1%~0.3%的氯化钙或硝酸钙水溶液，每 7 天喷 1 次，喷施 2~3 次。日灼病：高温干燥天气下，灌水降温、增湿；在田间穿插种植高秆作物适当遮荫；及时补充钙、镁、硼、锌、钼等微量元素，喷施叶面肥，增大叶面积，提高植株综合抗性。疫病、霜霉病发病前或初期用 27%高脂膜 80~140 倍液或 70%代森锰锌 500 倍液

预防，发病后用58%精甲霜灵·锰锌500倍液，或72.2%的霜霉威800~1 000倍液，69%烯酰吗啉·锰锌600~800倍液，68.75%氟吡菌胺·霜霉威700倍液防治。根腐病、茎基腐病用50%多菌灵500倍液，或70%甲基硫菌灵500~600倍液，或50%的福美双600倍液防治，木霉素可湿性粉剂100克与1.25千克米糠混拌均匀，把幼苗根部沾上菌糠后栽苗，初发病时，用木霉素可湿性粉剂600倍液灌根防治。灰霉病发病前或初期用27%高脂膜80~140倍液或70%代森锰锌500倍液预防，发病后用50%腐霉利1 000~1 500倍液，或40%嘧霉胺1 200~1 500倍液，或25%嘧菌酯1 500~2 000倍液，或65%万霉灵800~1 000倍液防治。炭疽病、褐斑病、白星病发病前或初期用27%高脂膜80~140倍液或70%代森锰锌500倍液预防，发病后25%咪鲜胺1 500倍液，或80%炭疽福美600~800倍液，或25%嘧菌酯1 500~2 000倍液，或25%溴菌腈1 000~1 500倍液，或64%恶霉灵·锰锌600~800倍液，或70%甲基硫菌灵500~600倍液，或50%多菌灵500倍液防治。煤污病、白粉病发病初期用2%宁南霉素200倍液，或2%武夷霉素150倍液，发病后用40%氟硅唑6 000~8 000倍液，或10%苯醚甲环唑2 000~3 000倍液，或43%戊唑醇4 000~6 000倍液，或25%三唑酮1 500~2 000倍液。疮痂病、软腐病、青枯病、细菌性叶斑病发病前或初期用27%高脂膜80~140倍液预防，发病后用50%氯溴异氰尿酸1 000倍液，或72%农用硫酸链霉素4 000倍液，新植霉素4 000倍液，77%氢氧化铜500倍液、47%春雷·王铜500~600倍液防治。花叶病毒病、蕨叶病毒病、顶枯病毒病发病前或初期用27%高脂膜80~140倍液预防，发病后用2%宁南霉素200倍液，20%盐酸吗啉双胍·铜600~1 000倍液，或5%氟吗啉500倍液，或5%氨基寡糖素100~500倍液，40%吗啉胍·羟烯腺150~300倍液，3.85%三氮唑核苷·铜·锌水乳剂600倍液防治。根结线虫病用10%苯线磷2 000~4 000克/667平方米，5%阿维·克线丹颗粒剂8~10千克/667平方米，作垄时施入或在生长期施入根际附近的土壤中，1.8%阿维菌素1 500~2 000倍液冲施或灌根防治。

②虫害防治。地下害虫蝼蛄、蛴螬、地老虎用5%阿维·辛硫磷或15%毒死蜱颗粒剂667平方米用量1.5~2千克，作床时撒施畦面，或栽苗时撒施植株周围防治。

蚜虫用0.2%苦参碱1 000倍液，或用3%啶虫脒1 500~2 000倍液，或10%吡虫啉

3 000 倍液，或 1.8%阿维菌素乳油 1 500~2 000 倍液防治。

红蜘蛛用 0.2%苦参碱 800 倍液，或用 10%浏阳霉素 1 500~2 000 倍液，45%晶体石硫合剂 200~300 倍液喷雾；或 20%哒螨灵可湿性粉剂 1 500~2 000 倍液，或 50%虫螨净乳油 2 000~3 000 倍液防治。棚内育苗期也可用 30%异丙威·哒螨灵熏蒸防治。

烟青虫用 0.2%苦参碱 800 倍液，或用 100 亿/毫升白僵菌液加入 0.1%~0.2%的洗衣粉制成悬浮液浸泡后搓洗过滤即可喷雾，每 667 平方米必须喷足 60 千克以上菌液，或用 1.8%阿维菌素 1 500~2 000 倍液，25%灭幼脲 3 号悬浮剂 1 000 倍液，2.5%溴氰菊酯 3 000 倍液防治。防治最佳时期在三龄幼虫以前。

（六）采收及处理

干椒采收时间：早霜前及时采收。

采收方法：连根拔起植株，撮放 7 天，促进后熟捂红。对根码垛摆放，垛顶覆盖秸秆遮荫，自然降水后人工或机械摘椒。

鲜椒采摘时间：一般 8 月 25 日左右，辣椒色泽紫红时开始采摘。

采摘方法：采摘从下部开始，分级分批采摘。

采收后处理：鲜椒根据色泽、大小分为等内、等外品。等内品色泽紫红，长度 6 厘米以上，无虫蛀椒、无病斑椒。其他为等外品。

第二节　沙地无籽西瓜栽培技术

一、沙地无籽西瓜工厂化育苗技术规程

（一）育苗前准备

1. 育苗场所消毒

采用熏蒸和喷雾方法对育苗温室的空间和地面进行消毒，地面消毒采用喷雾法或

撒生石灰进行消毒。

熏蒸法：用40%的甲醛5毫升/平方米+高锰酸钾5克/平方米混合后产生的气体进行密闭熏蒸温室，或选用5~10克/平方米硫黄密闭熏蒸；或选用45%百菌清烟雾剂，或69%烯酰吗啉烟雾剂，或60%百·腐烟雾剂，45%嘧霉胺烟雾剂，30%异丙威·哒螨灵烟雾剂，或85%敌百虫烟雾剂，杀虫烟雾剂和杀菌烟雾剂可同时进行熏蒸消毒。密闭1~2天。

喷雾法：选用广谱性杀菌剂和杀虫剂混合溶液（现配现用）全面喷施育苗场地，喷雾时应注意对墙角、死角和周围环境进行喷施。

穴盘消毒：穴盘使用前用40%的甲醛100倍液浸泡苗盘15~20分钟，然后在上面覆盖一层塑料薄膜，闷闭7天后揭开，再用清水冲洗干净。

2. 基质配比与消毒

基质配比：混配基质一般采用草炭：蛭石＝2：1，每立方米基质加入3%恶霉灵水剂100克消毒，同时混入0.8千克氮、磷、钾含量为20：10：20育苗专用肥或1.2千克氮、磷、钾含量为15：15：15三元复合肥，肥药一定要混合均匀。pH为5.5~7.5，如果pH偏高时，应利用腐殖酸或磷酸二氢钾溶液进行调节，pH偏低时，可用生石灰、碳酸钙粉或磷酸二氢钾溶液进行调节。

基质消毒：用40%的甲醛1升稀释100倍喷洒基质4 000~5 000千克，均匀喷洒后充分拌匀、堆置，基质堆上面覆盖塑料薄膜，闷7~10天，然后揭开薄膜，充分翻晾后再使用。

3. 装盘

基质加水，用手紧握基质，可形成水滴，但不形成流滴。将基质装入选定的穴盘中，使每个孔穴都装满基质，表面平整，装盘后各个格室应能清晰可见。

（二）育苗

1. 品种与砧木选择

品种选择在通辽地区农业主管部门备案，适宜通辽地区种植，符合市场需求，具有抗枯萎病、炭疽病、疫病，丰产性好、表现稳定的三倍体西瓜种子。

砧木根据生产季节和栽培需要，选用抗病、亲和性强的南瓜、葫芦和野生西瓜。

2. 育苗时间

根据定植时间，提前 40~45 天育苗。

3. 种子消毒

真菌性病害如炭疽病，用 40% 的甲醛 100 倍液浸种 30 分钟，或 50% 多菌灵 500 倍液浸种 60 分钟，或 50% 代森铵浸种 60 分钟，再用清水冲洗 3~4 次，然后催芽播种。

细菌性病害，如果斑病，用福尔马林 100 倍液浸种 30 分钟，或 1% 盐酸浸种 5 分钟，或 1% 次氯酸钙浸种 15 分钟，或 100% 苏纳醚 80 倍液浸种 15 分钟，再用清水冲洗 3~4 次，然后催芽播种。

病毒病，如黄瓜绿斑驳花叶病毒病，用 10% 磷酸三钠浸种 20 分钟，再用清水冲洗 3~4 次，然后催芽播种。或在 70 ℃ 下干热处理 3 天。

包衣种子无需处理，直接催芽即可。

4. 浸种催芽

（1）砧木。浸种前 1~2 天晒种。采用温汤浸种，按照种子与水的体积比为 1：6，将种子放入 50~55 ℃ 的热水（即 2 份开水与 1 份凉水混合）中，不断搅动 10~20 分钟，使种子受热均匀，水温降到室温时停止搅拌，继续浸种 12~24 小时，捞出沥干。用消毒过的湿布或毛巾包裹种子，种子平铺厚度为 1~2 厘米，置于 26~30 ℃ 条件下催芽。期间每天翻动 1 次种子。

（2）接穗。浸种前晒种 5~6 小时。并进行温汤浸种。用消毒过的湿布或毛巾包裹种子，种子平铺厚度为 0.5~1.0 厘米。有籽西瓜种子温度应保持在 25~30 ℃，无籽西瓜催芽前人工进行种子破壳处理，种子温度应保持在 30~33 ℃，进行催芽。期间每天翻动 1 次种子。

5. 播种

（1）砧木。当种子发芽达到 80% 开始播种，每孔播 1 粒，播种深度 1~1.5 厘米，砧木种子平放，芽尖朝下，尽量将种子的朝向一致，以利嫁接操作。播种后覆盖消毒基质，喷淋水分至穴盘底部渗出水分为宜，覆盖地膜保湿。

（2）接穗。一般在砧木种子破土时开始播种（提前进行接穗种子浸种催芽处理）。种子均匀撒播在育苗盘中而后覆盖基质厚度 1.5~2 厘米，覆盖地膜保湿。

6. 苗期管理

种子出苗前，温度控制在 25~30 ℃；出苗后，白天温度控制在 25~28 ℃，夜间温度 18~20 ℃。无籽西瓜接穗出苗后需及时脱帽。

（三）嫁接

1. 嫁接时期

砧木苗 2 片子叶长出到第 1 片真叶开始出现，接穗苗子叶出土后，为嫁接适宜时期。

2. 嫁接前的准备

嫁接操作一般在适当遮光的棚内进行。嫁接前需准备好嫁接竹签、刀片、消毒药剂等嫁接工具。嫁接人员和嫁接工具均需用 75% 乙醇溶液或高猛酸钾溶液消毒。砧木和接穗也需在嫁接前提早一段时间用甲基托布津等杀菌剂喷洒消毒。

3. 嫁接方法

一般采用顶插接法。嫁接前，先将接穗从苗床拔出，冲洗干净，整齐放入容器中，用湿布保湿备用。嫁接时去掉砧木苗的生长点，用竹签紧贴子叶的叶柄中脉基部向另一子叶的叶柄基部成 30°~45° 度斜插入 0.6~0.8 厘米，竹签稍穿透砧木苗表皮，手指有触感为宜，竹签暂不拔出。在西瓜接穗的子叶基部 0.5~1.0 厘米处平行于子叶先斜削一刀，再垂直于子叶将胚轴切成楔形，切面长约 0.5~0.8 厘米。拔出竹签，将切好的接穗迅速准确地斜插入砧木切口内，使接穗与砧木密切吻合。嫁接后将嫁接苗的穴盘运回苗床，并在覆盖苗床的小拱棚上覆盖棚膜保湿。

4. 嫁接苗的管理

（1）温度管理。嫁接苗温度管理见表 1。

表 1　西瓜嫁接后的温度管理　　　　　　　　（单位：℃）

时期	白天	夜间	基质温度
嫁接后 1~4 天	25~30	20~25	>18
嫁接后 5~7 天	22~28	18~20	>16
嫁接 8 天后	20~25	15~18	>15
定植前 5~7 天	12~18	10~12	>15

（2）光照管理。嫁接后 3~4 天内，用遮荫网适当遮阳。5 天后，在保证接穗不萎蔫的情况下，逐渐增加嫁接苗的光照时间。嫁接后如遇寒潮或低温、阴雨天气，可依据降温情况进行人工加温及补光。一般 1 周后不需再遮荫。但发现接穗萎蔫时，仍需及时遮荫。

（3）湿度管理。苗床湿度晴天应以保湿为主，阴天宁干勿湿。嫁接后 1~3 天，以保湿为主，棚内湿度保持 95% 以上，接穗生长点不能积水。嫁接后 4~6 天，逐渐通风，通风时间以接穗不萎蔫为宜。接穗开始萎蔫时，要保湿遮荫，待其恢复后再通风。

（4）摘除萌芽。嫁接苗生长过程中，应及时摘除砧木长出的萌芽。

（5）炼苗。定植前，采取加大放风量、降低温度、减少水分等措施炼苗 7 天以上。

（四）苗期病虫害防治

1. 主要病虫害

苗期主要病害有猝倒病、果斑病、炭疽病等；虫害有白粉虱、蚜虫等。

2. 防治原则

按照"预防为主、综合防治"的植保方针，坚持以"农业防治、物理防治、生物防治为主，化学防治为辅助"的绿色防控原则。

3. 农业防治

创造适宜的生长环境，育苗期间控制好室内温度和空气湿度，通过放风、遮阳和辅助加温、降温降湿等，调节不同育苗时期的适宜温度，避免低温和高温障害，并适时适量浇水，以保持温室内较低的湿度，可预防苗期猝倒病等苗期病害的发生。

4. 物理防治

育苗设施的放风口、进出口用 50 目以上的防虫网封闭，阻止虫源。

在苗床上方 50 厘米处悬挂黄板（25 厘米×40 厘米），诱杀白粉虱、蚜虫等害虫。每 667 平方米悬挂 20~30 块。

5. 化学防治

使用化学农药时，应执行 GB 4285、GB/T 8321 的相关规定。用药时应合理混用、轮换交替使用，应在 10 时以前或 16 时以后施药。

6. 病害的防治

（1）猝倒病。用 64%霜·锰锌 500 倍液或 72.2%的霜霉威 800 倍液防治。

（2）果斑病。用春雷霉素 500 倍液+农用链霉素 1 500 倍液，或 20%叶枯灵可湿性粉剂 800 倍液防治。

（3）炭疽病。用 75%百菌清 1 000 倍液，或 70%甲基硫菌灵 1 000 倍液，或 80%代森锰锌 1 000 倍液喷雾防治。

（4）蚜虫、白粉虱。用 2.5%扑虱蚜 1 000 倍液，或 10%吡虫啉 3 000 倍液，或 1.8%阿维菌素乳油 3 000 倍液药剂防治。

（五）壮苗标准

嫁接的瓜苗健壮，嫁接部位愈合良好；有 2~3 片健康真叶，节间短，叶色正常；无病虫害；根系发达，将基质紧密缠绕形成完整根坨。

（六）起苗

商品苗达到适宜的苗龄应及时起苗，起苗前喷足水使基质水分饱和，并仔细喷施一遍杀菌剂。若采用裸苗装箱运输，应包裹好根系，以防止秧苗水分损失。

（七）包装运输

带盘或裸苗装箱运输均采用立体多层装苗，运贮过程要防热、防冻、保湿、防压，温度一般控制在 13~15 ℃。

二、沙地无籽西瓜栽培技术规程

（一）定植前准备

1. 基地选择

选择交通便利，昼夜温差大，周边无污染，有灌溉条件的沙土地，土层深厚，排水良好，地下水位 1 米以下。

2. 整地

清除前茬残留物，施基肥后深翻，耙细作畦。

3. 基肥

基肥以有机肥为主、无机肥为辅，应符合 NY/T394、NY/T496、NY/T 525 的要求。

结合整地 667 平方米施入腐熟的农家肥 3 000~5 000 千克或商品有机肥 1 500~2 000 千克，并施入氮肥（N）5~6 千克、磷肥（P_2O_5）2~3 千克、钾肥（K_2O）5~7 千克，或使用按此折算的瓜类专用复混肥料。缺乏微量元素的地块，每 667 平方米还应施所缺元素微肥 1~2 千克，有机肥一半撒施，一半施入瓜沟，化肥全部施入瓜沟，肥料深翻入土，并与土壤混合均匀。

4. 覆膜

定植前 7 天，在种植行上铺设滴灌管带同时覆盖地膜，浇足底墒水。

（二）定植

1. 定植时期

膜下 7 厘米土温稳定在 16 ℃以上时定植，一般在 5 月下旬至 6 月上中旬。

2. 定植密度

行距 3.6 米、株距 0.45 米，每 667 平方米保苗 400 株左右，配植 30~50 株有籽西瓜作为授粉品种。

3. 定植方法

坐水栽苗，保持根坨完整。定植深度以根坨表面与畦面相平。定植后，每 667 平方米用 50 千克水掺 400 克复合肥、100 克磷酸二氢钾浇封穴水，盖细土封严。

（三）田间管理

1. 水肥管理

定植 3~5 天后浇足缓苗水。伸蔓期在苗两侧 667 平方米穴施或沟施商品有机肥 100 千克或尿素 10 千克、硫酸钾 5 千克，浇催蔓水。开花坐果期严格控制浇水。果实膨大初期果实长至直径 3~5 厘米时追施尿素 15 千克、硫酸钾 5 千克，或高浓度氮钾复合肥 20 千克，浇膨瓜水。果实膨大中期追施尿素 10 千克、硫酸钾 3 千克，或高浓度氮钾复合肥 15 千克，视降水情况及时补浇。果实膨大后期喷施叶面肥 0.3%~0.5% 的磷酸二氢钾加 0.1% 的硼砂和 0.5% 的硫酸亚铁水溶液，视降水情况及时补浇。果实成熟前 8~10 天停止浇水。

2. 植株调整

（1）整枝、打叉。采用 4 蔓整枝方式。5~6 片真叶时，从基部往上留 4~5 片真叶，掐头后伸出的子蔓中选留生长正常、健壮、长短相当的 4 条瓜蔓。坐果前应及时摘除孙蔓，坐果后不再整枝。

（2）压蔓。第一次压蔓在蔓长 40~50 厘米时进行，以后每隔 4~6 节压一次蔓，压蔓时各条瓜蔓在田间均匀分布。

3. 结果期管理

（1）人工授粉。采用蕾期授粉，在每天 6~9 时，采摘未全部开放的授粉株花朵，放在纸盒内备用，授粉时将授粉株雄蕊的花粉轻轻、均匀地涂抹在无籽西瓜雌花的柱头上。阴天适当推迟，晴天适当提早。

（2）标记。授粉后做好标记，注明授粉、座瓜时间，以便推算采收期。

（3）选留果。幼果生长发育至鸡蛋大小，开始褪毛时，选留子蔓第 3~4 个、孙蔓第 2~3 个雌花座的果，每株选留 2 个果型好、大小均匀、无病斑的幼果。

（四）病虫害防治

1. 主要病害

生理性病害：徒长、僵化苗、烧根、日灼病等。

真菌类病害：猝倒病、立枯病、疫病、炭疽病、霜霉病、灰霉病、枯萎病、蔓割病等。

细菌类病害：青枯病、细菌性角斑病和果腐病等。

病毒病害：花叶病毒病、黄瓜绿斑驳病毒病。

线虫病：根结线虫病。

2. 主要虫害

地下害虫：蝼蛄、蛴螬、地老虎。

地上害虫：蚜虫、红蜘蛛等。

3. 防治方法

（1）农业防治。采用嫁接技术、用抗病虫品种、增施腐熟的有机肥，培育适龄壮苗，合理密植，培育健壮植株；与非瓜类作物实施轮作，清洁田园，深翻土地，减少越冬虫源；推广高垄膜下滴灌栽培；摘除病叶、病果，及时拔除病株，带出田间或棚室外烧毁或深埋。

（2）物理防治。田间悬挂黄板诱杀白粉虱、蚜虫、斑潜蝇等；使用频振式杀虫灯和糖醋液诱杀地老虎、蛴螬、烟青虫等成虫；田间铺银灰膜或悬挂银灰膜条趋避有翅蚜；人工摘除害虫卵块和捕杀害虫。

（3）生物防治。利用天敌如瓢虫、草蛉、丽蚜小蜂等对蚜虫、白粉虱进行控制。使用植物源农药和生物农药等。植物源药剂如印楝素、苦参碱、烟碱、苦皮藤、鱼藤酮等。生物源药剂如农用硫酸链霉素，新植霉素、武夷霉素、阿维菌素、多杀霉素、多抗霉素等。矿物源农药如氢氧化铜、波尔多液、石硫合剂等。

（4）化学防治。

①徒长苗。控制浇水，通风降温，降湿，喷施磷、钾肥，严重时用15%的矮壮素500~700倍液进行喷施。苗期喷施2次，矮壮素喷雾宜早晚间进行，处理后可适当通风，喷后1~2天内禁止向苗床浇水。

②僵化苗。适当提高苗床温度，改控苗为促苗；及时浇水，防止苗床干旱；喷施浓度为10~30毫克/千克的赤霉素溶液，用药液量为100毫升/平方米。

③沤根。加强通风换气，控制浇水量，调节湿度，特别是在连阴天不要浇水。一旦发生沤根，及时通风排湿，增加蒸发量；苗床撒草木灰加3%的熟石灰，或1：500倍的百菌清干药土，或喷施高效叶面肥等。

④烧根。出现烧根，适当多浇水，降低基质溶液浓度，并视苗情增加浇水次数。

⑤日灼病。高温干旱天气增加浇水次数，保持土壤湿度；田间适当穿插高秆作物遮荫；及时补充钙、镁、硼、锌、钼等微量元素，增施叶面肥，增加叶面积，提高植株综合抗性。

⑥猝倒病、疫病、霜霉病。发病前或初期用27%高脂膜80~140倍液或70%代森锰锌500倍液预防，发病后用58%精甲霜·灵锰锌500倍液，或72.2%的霜霉威800~1 000倍液，或68.75%氟吡菌·霜霉威700倍液，或69%烯酰吗啉·锰锌600~800倍液，防治1~2次。苗期猝倒病可用69%烯酰吗啉、60%百·腐、45%嘧霉胺烟雾剂防治。

⑦立枯病、根腐病。用27.12%硫酸铜1 000倍液，或50%多菌灵500倍液，或70%甲基硫菌灵500~600倍液，或50%的福美双600倍液进行防治，或2%武夷霉素150~200倍液。也可用45%百菌清、60%百·腐、60%嘧霉·菌核净烟雾剂防治。

⑧灰霉病。发病前或初期用27%高脂膜80~100倍液，或70%代森锰锌500倍液

预防，发病后用50%腐霉利1 000~1 500倍液，或25%嘧霉胺1 500~2 000倍液，或25%嘧菌酯1 500~2 000倍液，或10%苯醚甲环唑1 500倍液防治。

⑨炭疽病。发病前或初期用27%高脂膜80~100倍液，或70%代森锰锌500倍液预防，发病后用25%咪鲜胺1500倍液，或80%炭疽福美600~800倍液，或25%嘧菌酯1 500~2 000倍液，或25%溴菌腈1 000~1 500倍液，或64%恶霉灵·锰锌600~800倍液，或70%甲基硫菌灵500~600倍液，或波尔多液半量式（1∶0.5）100倍液防治。

⑩枯萎病、蔓割病。定植前用25克/升洛菌腈1 000~1 500倍液喷淋至营养钵或土坨透为止。再1个小时后用27%高脂膜80~100倍液喷淋一遍，能有效预防这两种病；定植缓苗后用70%甲基硫菌灵或50%多菌灵灌根500倍液，叶面喷施600~800液，或80%噁霉灵叶面喷施稀释1 200~1 500倍液，灌根稀释600~800液，浸种或拌种1 000倍，灌根每株250克。连灌2~3次，重茬地块可连续预防3~5次。

⑪青枯病、细菌性叶斑病、果腐病。发病前或初期用27%高脂膜80~100倍液预防，发病后用77%氢氧化铜500~600倍液，或50%氯溴异氰脲酸1 000倍液，或72%农用硫酸链霉素4 000倍液，或新植霉素4 000倍液，或47%春雷·王铜500~600倍液防治。

⑫花叶病毒病、黄瓜绿斑驳病毒。用2%宁南霉素200倍液，或27.12%硫酸铜1 000倍液，或20%盐酸吗啉双胍·铜600~1 000倍液，或5%氟吗啉500倍液，或5%氨基寡糖素100~500倍液，40%吗啉胍·羟烯腺150~300倍液，3.85%三氮唑核苷·铜·锌水乳剂600倍液防治。蚜虫、白粉虱是主要传毒媒介，发生这两种虫害时，及时防蚜虫和防白粉虱（参照地上害虫防治药剂）。

⑬根结线虫病。用10%苯线磷2 000~4 000克/667平方米，5%阿维·克线丹颗粒剂8~10千克/667平方米，作垄时施入或在生长期施入根际附近的土壤中，1.8%阿维菌素1 500~2 000倍液冲施或灌根。

⑭斑潜蝇、白粉虱、蚜虫。用0.3%印楝素500~900倍液，或1.2%苦烟碱800~1 000倍液，2.5%多杀霉素1 000~1 500倍液，或3%啶虫脒1 500~2 000倍液，或10%吡虫啉3 000倍液，或1.8%阿维菌素乳油1 500~2 000倍液药剂防治。棚内育苗

期也可用30%异丙威·哒螨灵、85%敌百虫烟雾剂250克/667平方米熏蒸防治。

⑮红蜘蛛。用10%浏阳霉素1 500~2 000倍液，或40%炔螨特乳油2 000~2 500倍液，或20%哒螨灵可湿性粉剂1 500~2 000倍液，或50%虫螨净乳油2 000~3 000倍液，45%晶体石硫合剂200~300倍液喷雾。棚内育苗期也可用30%异丙威·哒螨灵熏蒸防治。

⑯地下害虫。用5%阿维·辛硫磷或15%乐斯本颗粒剂667平方米用量1.5~2千克，作床时撒施畦面，或栽苗时撒施植株周围防治蝼蛄、蛴螬、地老虎。

（五）采收

成熟度鉴别：根据气候、瓜龄，结合采样试测，确定成熟度。

采收时期：本地销售的采收成熟度9成以上，远途外销的采收成熟度在8~9成。采收应在晴天下午进行。

采收方法：采收时用剪刀将果柄从基部剪断，每果保留一段绿色果柄。

第三节　温室小西瓜栽培技术

一、品种选择

小兰：黄肉小西瓜，早生，结果力强，果圆型到微圆型，皮色淡绿底青色狭条斑，果重1~2千克，瓤肉黄色晶亮，种子小而少。

二、播种期、育苗期、花期及采收期

播种期为6月20—30日，定植期为7月5—20日，开花期为8月5—10日，采收期为9月20日。

播种期不能晚于 6 月 30 日。7 月 8 月正是雨季，需注意田间排水。防止疯长（由于雨水偏多，易疯长，用整枝打杈的方法控制）防落花落果：①对花；②如正逢开花期降雨，可采瓜叶盖花挡雨或用纸袋套花挡雨。③开花前一周叶面喷施开花精促进花芽形成，花落后小果形成前再喷一次，防止落果。收获期不迟于是 9 月 20 日，以防霜冻；最好也不早于 9 月 10 日，因价格不好。

三、播种育苗

为提高育苗质量，使用营养钵或育苗盘育苗移栽。

（一）营养土准备

营养土的配制方法很多，一般采用 1/3 未种过瓜的大田土加 2/3 草炭拌匀过筛，或 1/3 腐熟农家肥加 2/3 田园土。每立方米加 2 千克过磷酸钙，用百菌清或多菌灵消毒。也可直接使用专用育苗介质。

（二）浸种

1. 温烫浸种

用 55 ℃的热水浸泡并不断搅拌，待水温降至 25 ℃时，浸种 6~8 小时。每隔 3 小时捞出种子将其表皮黏液搓掉，冲洗干净，换水继续浸泡。

2. 药剂浸种

用 5‰的高锰酸钾液或 10%磷酸三钠溶液浸泡种子 10~15 分钟或 0.1%福尔马林溶液浸泡种子 30 分钟，然后捞出用清水洗干净，并放到温水中浸泡 6~8 小时。每隔 3 小时捞出种子将其表皮黏液搓掉，冲洗干净，换水继续浸泡。

（三）催芽

将浸种后的种子表皮擦干平摊于湿毛巾上包好，注意种子厚度均匀，使其受热均匀，外面罩上塑料袋保湿，置于 28~30 ℃下催芽，一般 16 小时可萌动（其间每隔 4~

5 小时清洗一次种子，将其表皮黏液搓掉，冲洗干净，再用湿毛巾包好），24~36 小时可达到高峰，待芽长 3 毫米时，即可播种。

（四）播种

播前用 800 倍百菌清（甲托·多菌灵）浇透装好营养土的育苗盘或育苗钵。播种时，将芽尖向下，放入土中，覆土 1 厘米。之后，可用塑料薄膜覆盖（如温度高，不用），3 天左右可出芽。苗出齐前以保温为主，温度以白天 26~33 ℃，夜间 20~25 ℃ 为宜。注意要保持苗土湿润，出芽后，及时揭去塑料薄膜，防烤苗。

（五）苗期管理

防徒长苗（高温、高湿、弱光、带帽则易徒长）、僵化苗（低温、干燥、缺肥则易形成僵化苗）。出苗后以白天 20~25 ℃，夜间 15~20 ℃ 为宜。苗期一般不施肥，但出现缺肥现象时，可叶面追肥。定植前 1 周炼苗，前 1~2 天喷药。

四、田间管理

（一）定植地选择

排水良好，地势高燥，土层深厚疏松，pH 6.5~7.0 的砂壤土。前茬宜水稻、小麦、玉米、蔬菜，忌黄麻、豆类、瓜类。通风良好，水源充足。

（二）整地施肥

深翻 25~30 厘米，耙平，打细，条施或散施农家肥，2 000~2 500 千克/亩，复合肥 50 千克/亩，过钙 30 千克/亩，二铵 30 千克/亩，缺硼地块，施 1 千克亩硼砂。作 1.8~2.0 米宽垄，覆 1.2 米宽地膜，打出株距 0.5~0.6 米的穴。

（三）定植

待苗 3~4 片真叶时定植。一般安排在晴天下午或阴天进行。定植前穴里浇水，定后灌水。3 天左右可缓苗。

（四）定植后管理

缓苗后，追肥，灌水（以 N 肥为主）。

施伸蔓肥：第一雌花开花前一周依植株长势可追 P、K 肥，如叶绿精、开花精；也可以追复合肥 15~20 千克/亩。追肥后灌水，宜在晴天上午进行。

（五）整枝

留 3~4 侧蔓，其余侧枝打去。整枝宜在晴天上午进行，并及时喷药防病。露地应注意压蔓，以免风吹后磨伤瓜皮。

（六）授粉

为保证稳定座瓜，应进行人工授粉，在每天上午露水散后进行，阴天或低温时，花散粉较晚，可适当延迟。

（七）留果

留果部位为主蔓 12~18 节，侧蔓 10~12 节留瓜，即从第二雌花开始留，尽量使各蔓座瓜时间相近，以求坐瓜均匀整齐，各蔓座瓜节位的侧芽尽早抹掉，每株留瓜 3~4 个。

（八）翻瓜

翻瓜时，一手握果柄，一手扶果，同时转动，并顺一个方向翻。

（九）肥水管理

开花期，一般不浇水，不追肥，以免落花落果。待瓜长到鸡蛋大小时（约一周），西瓜进入吸水高峰应增加灌水及追肥次数，直至采收前 7~8 天。

西瓜在生长期，前期施肥以 N 为主，中后期以 P、K 肥为主。可进行根部追肥或叶面追肥 2~3 次，每亩可追磷酸二氢钾 20 千克或复合肥 15~20 千克，以供给植物营养。

五、病虫害防治

（一）苗期病害

猝倒病：在根茎部呈水浸状褐色病斑，近地面明显缢缩倒伏，幼苗一拔就断，子叶未萎蔫，幼苗猝倒死亡。药剂：70%敌克松或 64%杀毒矾或 58%瑞毒锰锌。

立枯病：根茎基部黄褐色长形病斑，初期白天萎蔫，晚上恢复，病斑凹陷，逐渐绕茎缩成蜂腰状，病苗很快萎蔫，枯死，但病苗呈立枯状。0.2%~0.3%敌克松拌种或 72.2%普力克或 64%杀毒矾或 25%瑞毒霉可治疗。

炭疽病：子叶边缘出现褐色圆形或半圆形的病斑，有黑色小点。药剂：炭疽美或速克灵或百菌清或多菌灵均可。

疫病：子叶上出现圆形水浸状暗绿色病斑，然后中部呈红褐色，近地面缢缩倒伏枯死。药剂：50%菌克丹或 80%代森锌或乙磷铝或杀毒矾或百菌清。

（二）生长期病害

枯萎病：叶片从下部开始变黄，逐渐向上发展。初期白天萎蔫，早晚仍能恢复，数日后整株叶片枯萎下垂，不能再恢复正常，随后叶片干枯，根茎部纵裂，维管束变褐，全株死亡。药剂：西瓜重茬剂 300 倍液或者灭枯萎威 800 倍液或 25%苯莱特或甲托 10 倍涂根。

蔓枯病：叶片上有黑褐色圆形同心轮纹病斑，在叶缘上呈弧形。蔓上为椭圆形凹陷病斑，密生小黑点。维管束不变褐。药剂：甲托 10 倍涂根或 70%代森锰锌或 50%扑海因。

白粉病：症状为叶正面产生白色近圆形小粉斑，以后逐渐扩大成边缘不明显的连片白粉斑。药剂：75%百菌清可湿性粉剂 600 倍液或 40%福美砷或粉锈宁或十三吗啉或仙生。

炭疽病：叶片初呈水浸状圆形斑点，很快干枯为黑色圆斑，有时出现同心轮纹。干燥时易破碎。茎蔓和叶柄上的病斑呈椭圆形，稍凹陷。果实受害，呈水浸状褐色凹陷圆形斑，有黑色小点，呈环状排列。药剂同苗期。

病毒病：症状为叶片发皱，叶片色泽黄绿相间，尤其新叶处最为明显。烈日下防止植株长时间处在干旱状态。病毒病主要由蚜虫传染，所以消灭蚜虫尤为重要。药剂：20%速灭杀丁乳油1 000倍液杀灭蚜虫，20%病毒A500倍液或病毒K800~1 000倍加小叶敌或加83-增抗剂，1.5%植病灵乳剂1 000倍液并加0.2%磷酸二氢钾，以增强植株抗病力。

疫病：叶染病时生暗绿色水浸状斑点，扩展为圆形或不规则大型黄褐色斑点，潮湿时叶腐烂，干燥时病斑易裂。药剂同苗期。

（三）虫害

虫害主要有蚜虫，红蜘蛛，潜叶蝇，地老虎。

第四节　大棚春茬甜瓜栽培技术

一、品种选择

要选择抗病高产、适合本地气候条件、市场销售好的品种。通辽市主推品种有：齐育金冠、金妃、金抗、瑞奇、抢春、永甜九等品种。

二、育苗

（一）苗龄及育苗时间

甜瓜苗龄不宜过长，一般30~35天为宜，要根据自己的设施条件确定育苗时间，三四膜栽培育苗时间 3 月 10—15 日，两膜栽培育苗时间为 3 月 18—22 日。

（二）播种前的准备

每亩大棚提前准备好最佳营养土 1.2 立方米，最佳营养土配方是充分腐熟马粪 1/3，充分腐熟土粪 1/3，肥沃的大田表土 1/3。或者充分腐熟的猪粪 1/2，肥沃的大田表土 1/2，过筛拌匀即可。生粪、鸡粪、羊粪育苗禁用，各种化肥及育苗添加剂尽量不用，以防用不好出现烧根及各种肥害。每亩准备 8 厘米×8 厘米的营养钵 5 500～6 000 个。播前 5～7 天必须装好营养钵，并用地膜盖好提温保墒，以利于待播。

（三）浸种催芽

浸种前两天要把种子从袋子里倒出来放到报纸上，然后再放到炕上能晒到太阳的地方，浸种先用凉水把种子放盆里浸泡 10 分钟，把凉水倒净，直接注入 55 ℃水，边倒边用木棒不停的搅拌，直至水温降到 30 ℃为止，继续浸泡 4 个小时，然后把水倒净装入纱布袋里，在炕头先放一个垫，然后把种子袋放在小垫上，在种子袋上盖一个棉被，种子袋上放一个温度计，使种子温度控制在 25～30 ℃，10 小时后见种子干需用 30 ℃水投一次，直至种子露白尖为止，如果这个时候播不上种，必须把露白尖种子袋用塑料袋包好拿到凉快的地方，温度控制在 10 ℃左右，可维持 2～3 天播种。

（四）播种方法

最好用 30 ℃温水浇足营养钵底，然后用多菌灵或普力克 500～600 倍液喷洒一遍，把露白尖的种子平摆在营养钵中间，轻轻按一下，种子上盖 1～1.5 厘米的潮湿营养土，覆土一定要均匀一致，然后平铺地膜，扣小拱棚或增设火炉以利于出苗。

（五）播种后的管理

温度管理，白天控制在 25～30 ℃，夜间控制在 15～18 ℃，如果温度不够，可加覆盖物或增设火炉，以利出苗。当瓜苗 70%左右破土而出时，必须及时揭去地膜，以防徒长。

苗出齐后，要及时把温度降 2~3 ℃，控制在 25~28 ℃为好，并及时用普力克或恶霉灵对小苗喷药，喷药一定均匀周到，防止此时猝倒病的发生，需用药两次，两种药要交替使用，播种后无特殊干旱不要轻易浇水，做到见干见湿，如果需要浇水也一定要选晴天上午浇水，当瓜苗都露出真叶时白天温度最好控制在 25~30 ℃，夜间控制在 15~18 ℃。为了增加瓜码，防止空秧，二叶一心、四叶一心时各打一遍增瓜灵，此时要及时喷施百菌清或阿米西达，防止各种病害的发生。

三、定植

（一）定植时间的确定

定植应本着在温度允许的前提下，越早越好，效益才能最高。因此说掌握好定植时间很重要，定植时间必须抢在冷尾暖头，棚内 10 厘米地温连续 7 天稳定在 12 ℃以上方可定植。科左中旗地区冷棚内起拱吊膜栽培的时间 4 月 10 日左右定植为宜，两膜栽培 4 月 20 日左右为宜。

（二）定植前的准备

1. 提早扣棚膜

提早扣棚膜也是甜瓜生产中的重要环节，只有扣膜早，才能定植早，采收才能早，效益才能高。因此必须做到提前 1 个月扣膜，两膜栽培 3 月 10—15 日扣完棚膜，三四膜栽培的 3 月 1—5 日扣完棚膜。

2. 提早整地施肥

整地施肥应本着尽量提早的原则，清除残枝病叶杂草，亩施农肥 7~10 立方米，硫酸钾三元素复合肥 50 千克，硫酸钾 15 千克，深耕细耙。

3. 提早做畦，铺设滴灌带，铺地膜

甜瓜生产做畦也要本着尽量提早的原则（3~5 天）为好，畦向最好是顺棚方向做畦，畦底宽 1 米，畦顶宽 70~80 厘米，畦高 15~20 厘米。搂平畦面，在畦田中间顺畦用小镐开沟 3~4 厘米深，以 80 米棚为例，采用分两段浇水，横向铺设两个 9~10 厘米的主管道，顺沟铺滴灌带并连接好，两个主管道最好一并设在棚中部。如果地势不平，分段后两主管道分别设在地势高一侧。安泵试水，看滴灌带连接点是否完好，出水是否与畦面均匀对称。调好后铺膜，膜要拉紧，膜边要压实。

（三）定植方法

用打眼器在滴灌袋两侧 15 厘米左右处分别打两行孔。深度与苗坨高为宜，株距 25~27 厘米，每亩定植 5 000~5 300 株，去钵栽苗，采用浇埯水结合滴灌浇足定植水，待水渗后封好埯土。

四、定植后管理

（一）定植后水分管理

定植时一定要采用浇埯水结合滴灌浇足定植水。7~10 天选择晴天上午及时浇缓苗水，伸蔓开花期不特殊干旱不轻易浇水，特殊干旱也要利用滴灌浇小水（依干旱情况用滴灌浇 10~20 分钟）。

当每棵秧座住 3~4 个蛋黄大小瓜时，开始浇第一次膨果水，每亩用滴灌浇水 3~4 小时左右（以封埯土浇湿为宜）。隔 6~7 天用滴灌浇第二次膨果水，每亩浇水 2 小时左右。直至采收，不特殊干旱不浇水，如遇特殊干旱，浇水也只能依情况用滴灌浇 10~15 分钟。

（二）定植后的温度管理

甜瓜是喜光、喜高温作物，适温 25~35 ℃，40 ℃高温能正常生长不受温害。因此在整个甜瓜生长期（除了采收期）最好把温度控制在白天 25~35 ℃，夜间控制在 15~18 ℃，缓苗快，开花早，膨果快采收早。因此说定植后 7 天内为了促进缓苗，不超过

35 ℃不放风，超过35 ℃要放小风，防止高温烧苗。缓苗后，晴天25 ℃开始放小风，中午要把放风口加大，尽量把温度控制在28~32 ℃，下午当棚内温度达到20 ℃时及时关闭放风口，阴天一定依据棚内温度高低而定，上午早放小风1~2小时，通风排湿，然后要及时关放风口。

（三）整枝方法

整枝要本着打早打小，前紧后松的原则。四叶一心留四叶及时摘心。四条子蔓及时定蔓，保留三条壮子蔓，子蔓四叶内有1~2朵雌花，留四片真叶及时摘心。如果发现四片真叶内没有雌花，必须及时果断留两片叶掐大尖。然后在此子蔓留一条壮孙蔓做结果枝，四片真叶及时摘心，每条结果枝在1~2个瓜前留一条孙蔓做营养枝，3~4片叶及时摘心，防止跑秧化瓜。

（四）甜瓜保花保果技术

为了提高产量，提早采收防止化瓜，必须及时采用药剂喷花或点花，当天的花必须当天喷或点，否则影响做果率。目前市场喷花的药不少，但习惯使用的配方是南通产防落素2.5毫升，鞍山产做果胶囊1粒，对水0.5千克，及时喷花或用注射器点花，药液最好随配使用（最多不超过两天），喷花或点花的药滴以高粱粒大小最佳，以防出现化瓜或畸形瓜。

（五）定瓜、追肥技术

当甜瓜每棵秧座住3~4个瓜时，最小像鸡蛋黄大小时，必须及时定瓜摘除畸形瓜。

开始浇第一次膨果水，利用滴灌每亩追施磷酸二氢钾2.5千克和三元素硫酸钾复合肥6千克（提前5天把复合肥泡好澄清水备用）；6~7天后，结合第二次膨果水，利用滴灌每亩追施含氨基酸水溶肥料（果立膨）15千克；膨果期叶面喷洒如美丰达、美加丰、磷酸二氢钾等，喷洒 2~3 遍。

五、病虫害防治

应本着预防为主，治疗为辅，综合防治的原则，加强棚内各项管理，合理浇水，合理放风，创造一个甜瓜生长的良好环境，尽量不让甜瓜叶片夜间结露或少结露，而且必须做到整个生长期间 7~10 天用百菌清烟剂、杀霉矾烟剂或阿米西达、乙磷猛锌粉剂交替使用，一旦发现病株，要对症下药，打药一定要均匀周到，整株喷洒，喷药方法是以叶背为主，叶面为辅的原则，打药的时间一定要在上午九点以前，下午四点以后，避开高温。

1. 甜瓜炭疽病

选用抗病品种；与非瓜类作物实行 3 年以上轮作，苗床土进行消毒处理，增施磷钾肥提高植株抗病能力，合理灌溉。

加强棚室温湿度管理，合理通风，降低湿度。田间操作应在露水落干后进行，减少人为传播蔓延；在发病初期，喷洒 70% 甲基托布津 800 倍液，或 50% 多菌灵 400 倍液，或 80% 炭疽福美 600 倍液喷雾，隔 7~10 天 1 次，连续防治 2~3 次。

2. 甜瓜白粉病

选用抗病品种；清洁棚室，培育壮苗，合理施肥、灌水，提高植株的抗病能力；发病初期，及时喷洒 20 粉锈宁 1 500 倍液，或 25% 戊唑醇水乳剂 3 000 倍液，或 12.5% 烯唑醇可湿性粉剂 2 000 倍液等。

3. 甜瓜病毒病

选用抗病品种；施足腐熟有机肥，适时追肥，前期少浇水，多中耕，促进根系生长发育。发现传毒蚜虫要尽快消灭，发现早期病苗要及时拔除，中后期注意适时浇水，按配方追肥，增强抗病力；育苗畦可采用 30 目尼龙纱覆盖育苗，提倡采用防虫网栽培；发病初期喷洒 7.5% 菌毒·吗啉胍水剂 500 倍液，或 1.5% 硫铜，烷基，烷醇乳油 800 倍液，或 3.85% 三氮唑核苷·铜·锌水乳剂 600 倍液喷洒吡虫啉防治蚜虫。

4. 甜瓜肥害

化肥使用量不要过多，必须限量和按规定标准施用，只要控制化肥的用量，肥害就会大大降低。使用肥料时一定要和耕作层土壤混合均匀，有机肥必须充分发酵腐熟，并注意施用后适当浇水，保持土壤湿润，有利于肥效发挥和吸收，避免肥害的发生。

六、采收

甜瓜进入到采收期，也就意味着甜瓜的个头已长足，到了转色成熟阶段，采收前 7~10 天停止浇水，不特殊干旱不浇水，如果特殊干旱出现倒秧、甜瓜裸露一定要及时利用滴灌浇水 10~15 分钟，防止出现皮球子瓜、水瓢瓜、裂瓜。八至九成熟瓜必须及时采收。

第五节　沙地葡萄栽培技术

一、技术要点

（一）品种选择

经过多年的生产实践，适合通辽地区栽培的品种有：巨丰、白鸡心、白香蕉、寒香密、红玫瑰等品种。

（二）前期准备

1. 选地

选择地势平坦，通透性好，有水浇条件、无硝无碱，pH 在 8 以下的沙土、风沙土、白土、白五花土、黑沙土（漫沼及半固定、固定沙地）等，均可栽培沙地葡萄。

2. 苗木

选择生长旺盛、根系完整、无机械损伤、无病虫害的一年生嫁接苗。

3. 垄向

以南北垄向为好，通风透光，受光均匀。

4. 整地

挖 80~100 厘米深，100 厘米宽的沟，沟长视土地状况确定，沟底铺 30~40 厘米灰土粪或粉碎的玉米秸秆，之后回填表层土 25~30 厘米。沟距 4.5~7 米。

5. 株行距

一沟双行（俗称双沟）或单行，0.5~1 米，亩栽植株数 330~500（一沟双行）或 150~300 株（单行），目前葡萄栽培区主推一沟双行。

6. 栽培

在沟内挖深 20 厘米深大小视苗而定的栽植穴，按规定株行距栽植。

（三）管理

1. 浇水

栽后要及时浇水，栽植后必浇一遍水，之后，下架前，上架后，花前，花后必保四遍水，其他可根据葡萄生长状况，见旱即浇。

2. 施肥

每年春季葡萄上架后追施尿素 10 千克左右（根据葡萄生长年限，幼龄少施，结果龄多施），也可在葡萄根系可以达到的地方埋施农家肥或磷酸二铵。主要是控制营养枝及控制果穗长度，使果穗长度控制在适当长度以达到其紧密度，提高品质。

3. 间作

可以间作花生、红干椒、大葱等。一般可间作 3~4 年。

4. 预留主枝（蔓）

早期丰产密植的（立架式和小棚架式）留一个主枝（蔓），稀植的（小棚架式或大棚架式）留两个主蔓（枝）。

5. 防寒

秋季 10 月下旬葡萄下架后将枝蔓顺葡萄沟平放沟内，上铺玉米秸，玉米秸上盖 10 厘米左右表土，以不透风为准，翌年 4 月中下旬确定没有冻害后葡萄枝蔓上架。

二、栽培模式

（一）立架式

适宜密植，栽植株数为 333~500 株均可，栽植后第二年即可挂果，第四年进入丰产期，丰产期可达 10~12 年。

（二）小棚架式

栽植密度中等，栽植株数 330 株左右，栽后三年挂果，第五年进入丰产期，丰产期为 12 年以上。

（三）大棚架式

适宜稀植，栽植株数 150~330 株，一般栽植三年挂果，第五年进入丰产期，丰产期为 15 年左右。

三、病虫害防治

（一）霜霉病

发病期在 6 月下旬—9 月末。可用瑞毒霉 800 倍液，杀毒矾 500~600 倍液，乙磷铝 400~600 倍液叶面喷施，预防期 10~15 天一次，发病期 7 天一次。

（二）灰霉病

发病期在春秋两季，开花期发病较重，秋季较轻。可用50%的多霉灵（万霉灵）可湿性粉剂800~1000倍液，甲基托布津800倍液，多菌灵500倍液，叶面喷施7~10天一次，连喷3次。

（三）黑痘病

发病条件是高温多湿，病发适温24~26℃。可用50%多菌灵可湿性粉剂600倍液，75%百菌清可湿性粉剂500~600倍液，叶面喷施7~10天一次，根据病害程度定次数。

（四）白腐病

发病时期是高温多湿季节，一般在7月中旬—8月下旬，大雨出现时期，可用75%百菌清可湿性粉剂500~600倍液，50%甲基托布津可湿性粉剂500倍液，叶面喷施。

（五）炭疽病

发病期在5月下旬—8月中旬，可在初花期喷施80%炭疽福美可湿性粉剂700~800倍液，50%多菌灵可湿性粉剂600~700倍液，75%百菌清可湿性粉剂500~600倍液，叶面喷施7~10天一次，可根据病害程度定次数。

（六）褐斑病

高温高湿条件发病。可用75%代森锰锌可湿性粉剂500~600倍液，75%百菌清500~600倍液，70%甲基托布津600~800倍液，叶面喷施7~10天一次，连喷3次。

（七）根癌病

主要为害根颈处和主根、侧根及二年以近地面主蔓，减少伤口就能减少发病，发现个别病株，将病组织刮掉，涂石硫合剂即可，重病症挖出烧毁。

（八）其他虫害

虫害有葡萄天蛾、金龟子、毛毡病，这些害虫都局部发生，毛毡病可以在防寒前或出土后萌前芽枝蔓喷石硫合剂即可，天蛾金龟子小面积发生人工捕捉即可。

第六节 花生高产栽培技术

花生属于豆科落花生属，是通辽市主要的经济作物和油料作物之一。

一、品种的选择及种子处理

（一）品种选择

由于春播花生生育期长，应选用生育期适宜，抗性好，高产稳产的品种，如白花系列、鲁花系列、四粒红、辽宁1016、辽宁1017。

（二）种子处理

主要是晒种、分级筛选和种子包衣。选用粒大饱满及皮色鲜亮的种子，出苗均匀整齐，苗势强，能显著提高产量，利用花生专用种衣剂拌种可防治花生苗期地下害虫，降低缺苗缺株。

二、地块选择

宜选择地势平坦，排水良好，土层深厚，肥力中上等的疏松、通透性好的沙壤土地块，另外，要选择二年未种花生或其他油料作物的地块，以减少病害的发生。

三、整地与施肥

整地时应精耕细耙，达到地面平整，表土疏松，耕深最好保持在 30 厘米左右。

花生对磷钾需求量大，要以有机肥和磷钾肥为主，需氮量少而早，可在底肥中配施适量速效氮肥，一般施优质农家肥 3 立方米/亩，硝酸磷肥 6.6 千克/亩，二铵 10 千克/亩，硫酸钾 6.6 千克/亩，花生生长需要大量的钙素，宜用石灰或石膏 26.7 千克/亩。在花生生育后期，为弥补供肥不足，可采用根外追肥，用 0.3% 的磷酸二氢钾和 1% 的尿素水溶液一起混合叶面喷施 2~3 次。

四、适时早播

播种期的早晚直接影响花生的侧枝生长和花芽分化，进而影响花针的成果率。根据地温，春花生一般在 4 月 25 日前后播种。试验表明，春季花生的生育期随着播期的延迟而缩短，秋季花生的产量随着播期的延迟而减产。因此，在花生栽培上应提倡适时早播。

五、合理密植

合理密植能够充分利用光能、地力，发挥群体的增产作用，一般春播花生每亩一万穴，每穴两粒。

六、加强田间管理

（一）清棵

主要靠第 1、2 对侧枝，清棵有利于第 1、2 对侧枝发育和基部花芽分化，提高花针的坐果率。清棵应在花生出苗达 50% 后，立即将花生植株周围的土扒开，让子叶完全露出地面。根据调查，清棵花生比不清棵的花生增产 20% 左右。

（二）中耕培土

中耕与培土是相互联系的，中耕能够对培土有协助作用。一是能够疏松表土，改善表土层的水肥气热状况，促进根系和根瘤发育；二是起到缩短果针入土距离，使果针及早入土，并为果针入土的荚果发育形成一个适宜的土层；三是能够清除杂草。

（三）科学浇水及时排涝

在开花下针期，当土壤 0~30 厘米土壤含水量低于最大持水量 50% 时，应及时浇水。在饱果成熟期，当田间持水量低于 40% 时，也应及时浇水。只有合理灌排水，才能保根保叶，防止烂果或发芽，提高花生坐果率和饱果率，以保优质高产。

（四）合理化控

对于肥力好，产量高的地块应在株高大于 45 厘米时，每亩及时叶面喷施 0.1% 的比久或 0.01% 的多效唑，从而调节营养生长和生殖生长的关系，防止旺长徒长，确保高产丰收。

（五）病虫害防治

在花生病虫防治上应防重于治。播种前结合整地，每亩撒 3% 辛硫磷 2 千克或 3% 的钾拌磷颗粒剂 4 千克，防治花生地下害虫。发生蚜虫、红蜘蛛时，可用 40% 的氧化乐果 600 倍液或 10% 的吡虫啉 300 倍液进行叶面喷雾。叶斑病在发病初期可喷洒 50% 的多菌灵 800 倍液或 70% 代森锰锌 800 倍液，每隔 15 天喷药 1 次，连续喷 2~3 次，可有效防治叶斑病。

七、适时收获

当花生上部果枝叶片变黄，中部叶片大部分已经脱落，果壳网纹清晰，剥开荚果后，果壳内海绵层有黑色光泽，子粒饱满，种皮红润，饱果率达 85% 时，表明花生已经成熟，必须及时收获，收获过早过晚都会降低品质及产量。

第七节　万寿菊栽培技术

万寿菊的市场前景十分广阔，由万寿菊鲜花加工提取的天然叶黄素，逐步取代了人工合成色素。天然黄色素是一种性能优异的抗氧化剂，广泛应用于食品、饲料、医药等食品工业和化学工业领域，对改善产品色泽具有重要作用，是工、农业生产中不可缺少的添加剂。据统计，目前我国每年叶黄素的产量在 8 亿克左右，占世界总产量的 85%；而每年世界上的叶黄素需求量在 13 亿克到 15 亿克，缺口在 3 亿克到 5 亿克。随着工业化程度的加剧，天然黄色素的应用领域会越来越大，国内外市场需求每年按 10%~20% 的速度递增，呈现出供不应求的势头。万寿菊自通辽市引进种植以来增加了种植户的收入，亩收入可达 2 000 元以上。

一、育苗

（一）育苗时间、面积、用种量

育苗时间可根据移栽时间而定。一般 3 月下旬—4 月初播种，发芽适温 15~20 ℃，播后一星期出苗，苗期 5~7 片真叶时定植。株距 25~30 厘米。万寿菊于移栽前 40 天左右育苗，每亩万寿菊需苗床 20~25 平方米，用种约 30 克。

（二）育苗方式

春播万寿菊采用阳畦或小拱棚育苗，以小拱棚居多。苗床选背风向阳，以东西走向为好。苗床的宽度、长度以薄膜大小、管理方便为宜，一般宽度不超过 1.3 米。拱棚高度以 60 厘米左右为宜。薄膜最好选用提温、保温性能好的无滴膜。

（三）整畦施肥

万寿菊应选土层深厚、疏松、排水透气好的土壤。同时深耙 20~25 厘米，使表层土壤绵软细碎，田面平整。每亩苗床施土杂肥 200 千克、菊花专用肥 2 千克，肥料均匀撒于畦面后，用锄划入地下，然后耙细、整平。

（四）种子处理

精选种子，剔除杂质和秕子，确保种子饱满。然后对选出的种子进行晒种，以杀伤病菌，增强种子活力，提高发芽率。播种前将种子在 35~40 ℃温水中浸泡 3~4 小时，然后捞出用清水滤一遍，控干水即可播种。为防苗期病害，可用甲基托布津或百菌清进行药剂拌种。

（五）播种

播种时应选无风、晴天进行。于播种当天将苗床灌透水，待水渗下后即可播种。播种时将处理好的种子拌于细沙土中，分 2~3 遍撒于苗床。播种后覆过筛土 0.7~1 厘米。

（六）苗床管理

万寿菊于播种后 6~7 天出齐苗，苗出齐后应注意苗床内的温度不可超过 30 ℃，以免造成烧苗和烂根。苗长到 3 厘米左右、第一对真叶展开后，应注意通风，防止徒长。苗床内温度保持在 25~27 ℃，通风时间应在上午 8~9 点，不可在中午高温时通风，以免造成闪苗。如遇大风降温天气，停止通风。当室外平均气温稳定在 12 ℃以上时，应选晴朗无风天，揭开薄膜，除掉苗床内的杂草。如缺水应喷一遍透水，并盖好膜，加大通风口，苗床内浇水不宜太勤，以保持床土间干间湿为宜。当室外气温稳定在 15 ℃时应揭膜炼苗，移栽前 7 天左右停止浇水，进行移栽前的蹲苗，以备移栽。

二、移栽

（一）移栽时间

当万寿菊苗茎粗 0.3 厘米、株高 15~20 厘米、出现 3~4 对真叶时即可移栽。

（二）种植方式

采用宽窄行种植，大行 70 厘米，小行 50 厘米，株距 25 厘米，每亩留苗 4 500 株，按大小苗分行栽植。

（三）地膜覆盖

采用地膜覆盖，以提高地温，促进花提早成熟。

（四）浇水

移栽后要大水漫灌，促使早缓苗、早生根。

三、田间管理

（一）中耕培土

移栽后要浅锄保墒，当苗高 25~30 厘米时出现少量分枝，从垄沟取土培于植株基部，以促发不定根，防止倒伏，同时抑制膜下杂草的生长。

（二）浇水

培土后根据土壤墒情进行浇水，每次浇水量不宜过大，勿漫垄，保持土壤间干间湿。

（三）根外追肥

在花盛开时进行根外追肥，喷施时间以下午 4 时以后为好，每亩喷施尿素 30 克，磷酸二氢钾 30 克。

（四）病虫害防治

万寿菊病虫害较少，主要是病毒病、枯萎病、红蜘蛛。对病毒病用病毒威、菌毒清进行防治；对枯萎病用 75% 百菌清、多菌灵、乙磷铝、甲基托布津进行防治；对红蜘蛛在初期进行防治，用 40% 氧化乐果 1 000~1 500 倍液或 50% 马拉硫磷乳油 1 000 倍液，隔 7 天喷 1 次，连喷 2 次。

地下害虫主要是蝼蛄、蛴螬，每亩用 3% 呋喃丹或 5% 甲拌磷颗粒剂 0.75~1 千克结合移栽施入土中防治；红蜘蛛、蚜虫可用 1.8% 的虫螨克和速克毙防治。

四、采摘

万寿菊应在温度低、湿度大时采切。万寿菊采切过早、往往采切后花朵不易正常开放。一般是在开花前 1~2 天采切。

采切的时间与品种有关，通常有 4~6 片花瓣已松开花蕾时，即可采切。有时发现，采切后的万寿菊切花，花蕾还没绽开，就过早地垂头，这种情况主要是蕾期采切过早，花萼还紧包着花蕾。最好在萼片同花瓣成 90° 时切取。剪切时枝条要有 5 个节间距或更长一些的长度，但在枝条上至少要有两个芽。

第八节　温室冬季百合鲜切花栽培技术

经过多年的努力，通辽地区日光温室发展已初具规模，并呈现良好的发展势头，栽培品种以茄果类、叶菜类、果树居多，为丰富日光温室种植品种特引进百合。近几年百合已经成为通辽地区日光温室栽培的重要组成部分，不仅可以丰富温室栽培品种又可以提高种植户的收入。由于通辽地区特殊的气候条件，生产出的鲜切花花香色艳，经过多年栽培种植总结出了通辽地区百合鲜切花栽培技术。针对通辽地区百合栽培存在的诸多制约因素开展技术试验与创新，总结国内外的先进技术，对百合各个环节进行规范，通过多年试验示范，总结出适合通辽地区的百合栽培技术，希望对通辽地区百合标准化生产有一定指导意义。

一、土壤处理

（一）土壤消毒

施药前准备：清洁田园，施入腐熟的农家肥，灌水增加土壤湿度，使土壤含水量达到60%以上，让虫卵、细菌和草子萌动，5天后再进行深翻。

清洁田园，按面积计算，将药剂按25~30克/平方米均匀撒在土壤表面，将药剂与20厘米的土层混合均匀，浇水增湿后立即用塑料薄膜覆盖，四周用土压实，密闭10~15天后揭开薄膜通风5天，翻地1~2次，随机取土做小白菜的发芽试验，如果小白菜能正常发芽后方可种植，如果发芽试验不理想，应继续翻地松土。

为防止盐分在土壤表面积累，应在种植前采用大水漫灌，对土壤进行洗盐。

（二）调节pH

通辽地区土壤pH在6.4~9.1，而百合适宜的土壤pH为5.5~6.5，为降低土壤pH，可施用硫磺粉50~100千克/亩，硫磺粉具有促进植物生根的作用，通辽地区栽培百合影响因素最大的就是pH，pH过高易导致P、Mn、Fe的吸收不足，产生缺素症，尤其以Fe的缺素症最为明显。通辽地区栽培百合容易产生缺铁症，平衡施肥预防钾过剩或在土壤中施硝酸钙、碳酸镁有助于减缓缺钙症状的发生。

（三）施肥

通辽地区土壤偏沙，比较适宜种植百合，施入充分腐熟的有机肥15立方米，最好用牛、猪、羊，慎用鸡粪肥。在计划种植地块上测定土壤中氮、五氧化二磷、氧化钾的含量，根据测定数据和标准施肥量及比例制定施肥配方，按照配方比例将长效缓释肥配比后一次性深施，因为百合对盐分要求较严格，除施用有机肥外，每亩应施用缓释尿素30千克+长效硫酸钾90千克，百合忌用含氟、氯的肥料。

生长期根据生长情况追施肥料，可喷施腐殖质酸、磷酸二氢钾，注意补施硼、镁、铁肥。如果植株下部叶片有发黄现象，需要追施硫酸镁 0.15~0.2 千克/100 平方米，生长期新叶失绿可用螯合铁喷雾或灌根，孕蕾期及时补施硝酸钙，如果叶面整体发黄，则喷施 0.5% 尿素，采收前叶片增绿喷施磷酸二氢钾。

在栽培前应及时的清除上茬栽培的病原体，要将百合的残体清除出去，集中烧毁，减少病原体初次侵染。采用租棚轮作的方式避免重茬效果不明显，是土传病害在温室内存活时间为两年以上，不易于管理，增加成本，所以不建议租棚轮作。

（四）整地

应选择土壤肥沃、土层深厚，结构疏松，富含有机质，排水良好的沙壤土，通辽地区的土壤偏沙，正好适合栽培百合，土壤深耕耙平后，温室南北起垄，垄面宽 1~1.2 米，高 20~30 厘米，垄间距 30 厘米。

二、栽培模式

（一）种球的选择

选种新鲜饱满、鳞片完整、无虫害、无冻害、均衡度好的种球。周径 14~18 厘米，新芽生长点高度占鳞茎高度的 70% 以上，种球茎眼修复良好、芽粗壮、芽心粉红色，新芽高度小于 3 厘米。

（二）种球解冻

种球抵达后应及时打来包装袋，冷冻的种球必须置于 10~15 ℃，遮荫条件下慢慢解冻，待完全解冻后立即消毒播种，如解冻后种球不能马上播完，应立即在 2~5 ℃条件下存放，长时间不能播种应在 0~2 ℃下保存。

（三）种植

通辽地区为赶上元旦和春节，一般种植时间为 9 月中旬，根据品种特性进行栽培，种球小的密植，种球大的稀植，夏密冬稀，周径为 14~16 厘米的种球应株行距 25 厘米×10 厘米，每亩大约种植 1.3 万~1.5 万球，种植时顶芽垂直向上，种球上方土层厚 6~8 厘米，种植后马上浇一次透水，2~3 天后再浇 2 次水，7~10 天浇 3 次水。定植的程序包括做床、撒土壤调节剂、撒长效缓释肥于表土混拌均匀、开沟栽培、覆土平床、浇透水，安装滴管、有条件的可以铺一些覆盖物。

三、温光管理

（一）温度管理

鳞茎生根前，土壤温度保持在 12~13 ℃，以促进生根，生长时期最适温度为 16~25 ℃，不易超过 28 ℃，否则易造成植株矮小，花数少，盲花多，夜间温度不易低于 13 ℃，否则易造成植株黄化落蕾。

尽量缩短最低温度的持续时间，有加温条件的可以午夜后升温，无加温设施的，应加厚温室覆盖材料，或者采用多层覆盖或多层薄膜覆盖。利用白天提高温度，冬季温度低尽量减少通风次数，注意连阴天雪天棚室的防护措施。

（二）光照管理

待苗长到 40 厘米时全遮荫；刚出现花蕾到可以看见花蕾，中午 10~15 时遮荫；花苞长 1~3 厘米时中午 11~14 时遮荫；花苞长 4~6 厘米时，10~15 时遮荫；采前一周全部遮荫。

四、病虫害防治

（一）农业防治

选用适宜的品种，不选超大或敏感品种，适宜的温光水管理，施用充分腐熟的有机肥。

（二）物理防治

温室内张挂黄板诱杀害虫。

（三）化学防治

叶枯病用65%甲霉灵可湿性粉剂1 500倍；炭疽病用50%施保功1 000倍液。

五、采收

百合切花通常在第一朵花充分膨胀微裂时进行采摘，防止花粉污染花朵。分级扎捆，去除10厘米以下的叶片。采收头一天视棚内土壤水分状况可适量补充水分，应在早上10时之前进行，采收的花应置于阴凉处，避免太阳直射，并进行分级与成束包装。若因气候异常或计划失误等原因造成大量百合花提前开，应采取保鲜冷藏的方法补救。

成熟度标准：基部第一个花苞已经转色，但未充分显色，适宜夏秋季远距离运输销售，可安全贮藏4周。基部第一朵花充分显色，但未充分膨胀，适合冬季远距离运输和夏秋季近距离销售。基部第一朵花苞充分显色和膨胀，但仍然抱紧，第二个花苞开始显色，适合冬季近距离运输和就近销售。基部第一朵花已经充分显色和膨胀，花苞顶部已经开始展开，第二、三花苞显色，此阶段采收，不宜运输，应近距离销售。

第三章　蒙中药材栽培技术

第一节 防风栽培技术

防风为伞形科多年生草本植物，以根入药。味辛甘，性温，有解表、祛风除湿、止痛的功效，主治风寒感冒、头痛、发热、关节酸痛、四肢拘挛、破伤风等。主产在黑龙江省的北防风为驰名中外的优质道地药材，久负盛名，商品一向畅销国内外市场。野生防风生于丘陵地带、山坡草丛中、高山中下部，喜阳光充足和凉爽的气候，耐寒、耐干旱。

一、选地与整地

选地以排水良好、疏松、干燥的砂质土壤为佳，土壤过湿或雨涝，易导致防风根部和基生叶腐烂。轻黏土壤或轻碱地亦可种植防风。因防风主根长，播栽前对耕地要进行深松深耕。土壤脊薄地块结合耕地可增施积肥，亩施量以2~3吨为宜。

二、种植方式

分为种子直播和育苗移栽两种方法。

（一）种子直播

播种可分春播、伏播和秋播。在墒情好和有灌溉条件的地块以及育苗畦床可采用春播；对易发生春旱和沙质土岗坡地易发生干旱的地块，则应用雨季到来时进行伏播，出苗效果好；对土层浓厚保墒好的地块，在秋收后及时整地可进行秋播，第二年春出苗。

防风在人工栽培条件下因耕地土壤疏松易抽苔，使根失去药用价值，繁殖种子田块可采用垄播，而生产药材的田块应采用平作保持表土，适当紧实，不易过多中耕，应采用化学除草剂进行除草。一年生防风幼苗出苗后不抽茎，基生叶匍匐地面根的生产量也不大，在适当遮荫条件下出苗整齐，保苗率高。为实现当年有收益并保证当年防风出苗率高，则采用大豆和防风套种的方法效果好。其方法是春季按常规方法垄播大豆，在伏天大豆铲趟结束时人工将防风播于大豆的垄邦上，一垄播两行（每垄邦播一行）。当年大豆可正常收获，而防风小苗在大豆叶的适当遮荫下出苗十分整齐，在大豆串叶到收割前后防风小苗则加大了透光，生产良好。这种方法即实现了当年不另占耕地，又解决了在适当遮荫条件下良好生长的问题，事半功倍，提高了土地利用率。防风播后覆土不宜过深，否则出苗困难，一般覆土 2~3 厘米为宜。亩播量为 2~3 千克。

（二）育苗移栽

防风采用小面积高畦育苗，大田秋收后或春季进行移栽，利用表土耕层肥沃、地温高等特点，不仅可缩短起收年限一年，还可获得较高的产量。

为培育壮苗，对育苗床土要进行重施厩肥，应以含磷、钾高的猪粪和鸡、羊粪为主。并配合亩施磷酸二铵 20 千克。先将肥料施入育苗用耕地内，充分混拌后，再打床，畦床高应在 40 厘米左右为佳。播种方法撒播或条播均可。平方米播量 50 克左右，复土 2~3 厘米；遇旱应及时浇水。出苗前浇水后还应用多齿耙子破除畦床表土板结，以利防风小苗顺利出土。

移栽田可采用 50~60 厘米垄距，在垄上进行移栽，栽苗时应边起、边栽，起出的防风苗可分等移栽，栽前应切除部分地上茎叶，留一寸地上基叶即可。移栽方法是在垄台上斜开沟，摆苗 2~3 株，如秋栽覆土可不露出基叶，15 厘米距离再挖下行栽沟。覆土后应进行一次镇压，如遇秋旱应浇一次透水以利保苗、丰产。

三、田间管理

直播田块待苗高 10 厘米左右要进行一次间苗，首先间开过密的防风苗，并按 10

厘米株距留苗。防风前期幼苗弱小，要及时将与苗一起萌发的杂草除掉。如稗草多的情况下，可采用化学除草方法除草，亩用12.5%拿捕净100毫升。稗草2片叶时喷药效果好。播后或栽后至出苗前，需保持土壤湿润，以促使出苗整齐。雨季要特别注意排水，防止积水烂根。两年生以上的植株，留种的除外，发现抽苔要及时摘除。抽苔消耗养分影响根部发育并促使其木质化，失去药用价值。

四、病虫害防治

黄翅茴香螟易在现蕾开花期发生，幼虫在花蕾上结网，咬食花与幼果。防治方法：在清晨或傍晚喷90%敌百虫800倍液或80%敌敌畏乳油1 000倍液。

五、采收加工

（一）留种

选择生长旺盛而无病虫害的二年生植株，增施磷钾肥促进开花结实。种子成熟后割下果枝，搓下种子，凉干后放阴凉处备用。

（二）采收

9月上旬至10月上旬，春季在萌芽前收获。育苗移栽的防风栽后第二年秋季收获。根长30厘米以上，粗1.7厘米以上采挖较好。大面积防风采收可用全方位深松机进行，结合人工捡拾，小面积采收时需从畦的一端开深沟，顺序采挖。挖出的根去掉残留基叶和泥土，晒至半干时去掉须毛，按粗细长短分级，扎成0.25千克小把，晒至全干即可。一般每亩收干货250~300千克，防风亩产值可达3 000~5 000元以上，防风还是重要的草原植被和固沙植物，发展防风还有良好的生态效益。

第二节　黄芪栽培技术

黄芪为豆科多年生深根系草本植物，入药品种分东北黄芪（又称膜荚黄芪）和蒙古黄芪两个种，均以干燥的根入药。

野生东北黄芪（膜荚黄芪）主要生长在针阔混交林、有一定坡度的疏林间。喜凉爽气候，耐寒耐旱，怕热怕涝。在土层深厚、富含腐殖质、透水性强的含砂砾土上生长良好。不宜在黏土和强盐咸地上种植。

一、选地整地

根据东北黄芪的生长习性选择排水良好，有一定坡度表层富含腐殖质、中下层含有砂砾透水性强的林地腐殖土。多年熟地应采用全方位深松机对耕地进行一次全面深松，深松深度 40~50 厘米，以打破犁底层，创造一个有利黄芪主根深扎的耕层条件。

为实现优质高产，亩施农家肥 2~3 吨，过磷酸钙 25~30 千克，施肥后将耕地打成 45 厘米小垄以备播种。

二、播种方法

黄芪用种子繁殖，可分直播与育苗移栽两种方法。小面积栽培可采用育苗移栽方法，其产量较直播高 30%~50%。

黄芪种子具有硬实性，一般情况下硬实率可达 40%~80% 以上，播前应对种子进行处理，方法可按两份种子一份筛过的河砂混拌均匀后磨擦 10~15 分钟，播种时可混沙播。

播种分春播和夏伏播。墒情好的田块可进行春播，播种应在 4 月下旬或 5 月上旬进行。垄播采用条播、点播均可。育苗田可打高畦，宽度以 1.3~1.4 米，畦田高 35~

40 厘米左右，播种也可采用撒播方法。直播田亩播种量 2~3 千克，复土深度以 2 厘米左右为宜。为实现优质高产，垄距应在 40~45 厘米。播后应及时镇压，以防跑墒。

移栽可在播种当年 10 月上、中旬进行，选根条长、粗壮、无病虫害的优质苗进行移栽。行距 40~45 厘米，栽苗时用铁锹在垄上开斜沟，斜栽苗 2 棵，下穴与上穴穴距 15 厘米即可。每亩约用黄芪苗 15 000~20 000 株。栽后进行一次镇压。

三、田间管理

黄芪幼苗生长缓慢，应加强松土除草，并间去弱苗和过密的苗子。当苗高 10 厘米左右时，直播田按株距 10 厘米定苗。一个生长季节内需除草 3~4 次。幼苗和返青期需水较多，雨季应特别注意排水，否则易烂根。定苗后，应增施一些化肥，一般亩施磷酸二铵 5 千克，过磷酸钙 5 千克，花期亩施磷酸二铵 5 千克。

四、病虫害防治

白粉病是危害黄芪的主要病害，一般入伏后在高温高湿条件下易发生。可采用波美 0.3~0.5 度的石硫合剂 1∶120 份波尔多液，以及多菌灵、托布津 800~1 000 倍液，每隔半月左右在叶面喷施一次，多菌灵、托布津在盛夏发病期 7~10 天喷施一次。虫害以食心虫为主，常钻入荚内食害荚果中乳熟的种子，可用敌敌畏、敌百虫、乐果等药剂从开花到结果期喷施 2~3 次。

五、采收加工

直播黄芪一般生长三年便可采收入药，育苗移栽的一般二年便可采收。秋季在 9~10 月或第二年春季在越冬芽萌动之前进行采挖。大面积种植可用全方位深松机进行采挖，效果好，速度快，也可用人工刨挖，挖出后抖净泥土，切去芦头和须根，晒干分等打包出售。一般亩产干货 250 千克左右，亩产值 2 000~3 000 元。目前东北黄芪种子较贵，也可作为收种田。

第三节　甘草栽培技术

甘草是一种最常用而又很重要的中药材，不仅可以治疗多种疾病，还有缓解其他药材毒、烈性、调和众药之作用，又是食品、饲料及其他轻工业兼用的原料商品，用途多、销量大，居药材原料的首位。目前我国甘草已研究出供生产四个品系的杂交良种，其商品质量超过野生甘草品种，在北方栽培三至四年起收（育苗移栽可三年起收），在无灌溉条件下亩产优质甘草高达 500~600 千克以上，年平均纯创收可超过 1 000 元，其产品畅销国内外市场。

甘草栽培方法不复杂，大面积开发可采取直播方法，为缩短起收年限创优质高产可采用育苗移栽方法。方法如下。

一、选地整地

适合在中性土壤和轻盐碱地上栽培。以土层深厚的沙土、沙质土壤为宜。植被破坏的风沙荒岗地上也可利用，并可起到防风固沙作用。选好地后播前应进行整地，平播可对耕地进行全面深松、旋耕、深翻等方法，垄播可旋耕同时起小垄，垄距 30~35 厘米，耕地前亩施农家肥料 1~2 吨。

二、播种方法

（一）直播

甘草是多年生植物，当年播种形式的植株只要形成越冬芽便可以安全越冬。播种期可视墒情在 4 月末至 7 月末前均可播种。4 月下旬或 5 月份如土壤墒情好，或播前经灌溉的耕地即可进行播种。面积较大可采用播种机进行平播或垄上播种，行距30~35厘米，播种深度为 3 厘米，播后要进行镇压，耕地平整细碎墒情好的地块亩播量为1.5~2 千克，旱地或墒情较差地块可适当增加播种量。甘草种子种皮坚硬，透水透气性差，硬实率高，不易发芽，播种前需进行处理提高发芽率，可采用碾破法或摩擦法等擦破种皮便于种子吸水。经处理过的甘草种子一般播后一周左右即可发芽，幼苗生长很快。

（二）育苗移栽

利用表层土壤地温和肥力高于下层的特点，达到缩短起收年限，创造甘草优质高产。育苗地块应重施基肥，以富含磷、钾的猪、鸡、羊粪为主并混入部分磷酸二铵（每亩 20 千克左右），并选用土层深厚的沙质土壤地块作成 30~40 厘米苗床进行育苗，作畦可在秋季 9—10 月进行，这样畦床墒情好，播种应在 4 月中下旬进行，可采用撒播式条播方法，条播育苗行距 10~15 厘米为宜，一般平方米播量 10 克左右，播时要混拌筛过的河沙，播好播匀，覆土 3 厘米，播后要进行镇压。

移栽可在当年晚秋霜前后或于第二年 4 月中下旬开始，可分平栽、垄栽，将甘草苗在育苗畦上挖出后先按大小分级，再进行分级栽苗。在移栽田施肥整地后先开出10~15 厘米深的沟，然后将甘草苗按 30 厘米行距 10~15 厘米株距平栽于沟内，覆土后进行镇压，亩移栽苗 1.2 万~2 万株。春栽如遇干旱情况可进行一次灌溉，保苗率高，生长好。直播或栽苗生产田为使当年有一定收成，可在田内隔 3.3 米远横串带种植玉米。

三、田间管理

甘草的田间管理主要是间苗和防除杂草。播后当苗高 10 厘米左右要进行一次间苗，一般株距在 10~15 厘米为宜。甘草是豆科植物，采用化学除草剂除草，并结合行间中耕基本可有效地防除田间杂草。

凡大豆田可用化学除草剂甘草田均可采用，对禾本科杂草可用拿捕净、精稳杀得等除草剂防除禾本科杂草。亩用量12.5%拿捕净80毫升，15%精稳杀得60毫升混合稀释后在田间喷施。可防除70%以上的稗草、狗尾草及荸子等（间种玉米的甘草生产田除外）。对于其他大草也可用人工拔除。有灌溉条件的情况下可在干旱时进行灌溉。

四、病虫害及防治

（一）褐斑病

受害叶片产生圆形或不规则病斑。病斑边缘褐色，中间灰褐色，在病斑的正反面均有黑灰色霉状物。防治方法：发病初期用65%代森锌或50%的代森猛锌500倍液喷雾，还可用70%甲基托布津可湿性粉剂1 000倍液喷雾。

（二）锈病

染病的叶片背面产生黄褐色疱状病斑，表皮破裂后散出褐色粉末，为病原菌的夏孢子堆，一般可在8~9月形成，从而导致叶片枯黄甚至脱落。防治办法：发病初期用15%粉锈宁1 000倍液或敌锈钠400倍喷雾防治。

（三）白粉病

叶片正反面产生白粉，可用15%粉锈宁800~1 000倍液喷雾防治。

（四）甘草种子小峰

在青果期产卵，幼虫蛀食种子，一般受害率为10%以上，严重时高达50%。防治方法：青果期用40%乐果乳油1 000倍液进行喷雾。

五、采收及加工

甘草人工栽培需3~4年起收，育苗移栽的2~3年便起收，收获期通常在晚秋，也可在春季发芽前进行。大面积可用深松机先进行全面深松，后用人工配合进行，也可用人工采挖，应顺根系生长方向深挖，挖出后抖净泥土去掉芦头，半干时再按不同径粗捆成小把，然后晒至全干，即成甘草成品。

第四节　牛蒡栽培技术

牛蒡为兰科二年生草本植物。种子及根入药，种子有疏风散热，宜肺透疹，散结解毒作用；根能清热解毒，疏风利咽。

一、选地

牛蒡对土壤气候适应能力较强，一般土地皆能生长，可以利用荒山、荒地、沟旁等闲散土地种植。但以向阳温暖肥沃、土质疏松湿润的土地生长良好。涝洼地或土质黏重、高燥干旱土地生长不良。

二、整地施肥

牛蒡是深根性喜肥植物，施足基肥就能获得高产。在整地前每亩可施入人粪尿或厩肥 4 000~5 000 千克，土地需深翻深松 40 厘米左右，耕后耙细整平，使土壤疏松，然后成 60~70 厘米大垄，镇压一次，以备播种。

三、播种

条播或穴播均可。先在垄上开沟，均匀撒种，覆土 3 厘米，镇压一次。穴播在垄上按株距 30 厘米开穴，每穴播种 5~7 粒，覆土 3 厘米后踩上格子。种植以春种为好。

四、田间管理

幼苗 3~4 片真叶时，结合中耕除草开始间苗，随后及时铲趟，深度 7~8 厘米。每年中耕除草 2~3 次。应经常保持土壤疏松，田间无杂草，第二年返青后，仍需及时铲趟 2~3 次。

牛蒡的根系发达，植株较大，经过一年生长后土壤中养分消耗较大，为满足生长发育要求，在第二年需追肥，一般可追两次肥，第一次在幼苗返青后，每亩追硫铵 10 千克。第二次在花期开始时，亩追施过磷酸钙 20~25 千克。

牛蒡虫害较重，主要是地下害虫及蚜虫，应使用打药等方法加以防治。

五、采收加工

春播，第二年秋季果实呈棕褐色即成熟。牛蒡因花期较长，果实成熟期不一致，应边熟边采，分数次采收，可避免种子脱落损失。晒干后脱粒，去掉杂质即可。

牛蒡种子及苞带有细毛和钩刺，成熟后易脱落，黏附在皮肤上能引起疼痛和刺痒。采收时应站在上风头，同时尽量减少皮肤裸露。最好在清晨或雨后无风天进行，可减少毛刺散失，更为安全。在栽培管理良好的情况下亩产量可达 200~300 千克。

第五节　党参栽培技术

党参为桔梗科多年生草本植物。根供药用，有补中益气，生津止渴，强壮补血作用。系深根植物，幼株怕强光直射，需蔽阴，成株喜光耐寒，能在田间越冬。

一、选地

选择排水良好湿润疏松、富含腐植质的砂性土壤为宜。土质黏重涝洼地、白浆土等不宜栽植。前茬以豆科、禾草科作物较好，栽过人参的土地也可栽培党参，在干旱地区应选择背阴或半背阴坡种植。为便于灌水和移植，最好选择靠近水源或半阴坡地育苗。

二、育苗

党参采用育苗移植的方法，经反耕施过基肥的土地，于秋季作好育苗床，畦床高15厘米，干旱地区可作平畦，畦床宽1~1.2米，将床面整平耙细。播种可条播和撒播，一般多用撒播。条播法系在整好的畦面上，按10~12厘米的行距开沟播种，每亩用种量1千克，播幅宽6~9厘米，沟底要平，把种子均匀撒在沟内，然后用笤帚轻轻扫畦，撒播时将种子均匀撒在畦面上，用笤帚轻轻扫畦面，或覆土1~2厘米。党参种子细小，为防止播种不匀，可与等量细沙拌匀后播种。播后用木磙镇压畦面，使种子与床土密接。为保持畦面湿润，防止强光直射和水分蒸发，保证出苗率，畦面应适当蔽阴，要用蒿草树枝覆盖。待苗高3厘米左右，逐渐轻轻撤去覆盖物，防止伤苗，要经常保持畦面湿润。苗高6厘米时，进行第一次松土除草，一年松土除草3~4次。

三、移栽

移栽可春栽或秋栽。春栽在4月中下旬，秋栽在10月上中旬。黑龙江省一般采用垄栽，垄距60厘米，在垄上开沟，沟深按栽子的长度确定，沟底可施底肥。按株距10~12厘米，将栽子顺垄帮斜放于沟内，使芦头排列整齐一致，芦头儿覆土5厘米左右，栽后镇压一次。起苗和移栽时要注意避免伤根部，最好随栽随起苗，不宜久存。

四、田间管理

苗高6~9厘米时开始除草，同时补苗。生长期可进行2~3次除草，夏季可进行1~2次培垄。茎蔓遮地时拔除大草。党参为缠绕性蔓生植物，茎不能直立，为避免叶片互相遮盖，影响通风透光，便于秋收，应搭设支架，即在苗高 6～10 厘米时，用树枝或架条插入行间（如黄瓜架），使茎缠绕其上。

五、采种

二年生党参能大量开花结实。于 9 月下旬至 10 月上旬，大部分果实的果皮变成黄色，种子变成黄褐色时采收。视成熟情况可分 3～4 次采摘果实，晒干搓出种子，放通风干燥处贮藏。

六、病虫害防治

有锈病、根腐病及菌核病，上述 3 种病害都由真菌引进。锈病除浸染叶片外，还浸染花托和茎。发病时产生黄色病斑，为防止蔓延，要及时拔除病株深埋或烧毁。出苗半月后喷施一次 150 倍波尔多液，也可采用多菌灵、百菌清、托布津等农药进行叶面喷施，喷施浓度为 800～1 000 倍液，每隔 7～10 天喷施一次。根腐病和菌核病的防治也应及时拔除病株；对病穴用生石灰消毒浇灌 50% 退菌特 1 500～2 000 倍液进行土壤消毒，控制蔓延。

害虫主要是地下害虫，有蛴螬、蝼蛄和金针虫等。咬食幼根和嫩茎，成株期将茎及根咬成缺口或钻入内部，受害株呈现黄萎，有的成株因茎部被咬断而死亡，造成缺苗断条。防治方法可用百治屠、锌硫磷配制毒土在打畦移栽前施入土壤。

七、采收加工

党参在移栽 2 年后于 10 月上旬即可采收。采收方法在茎蔓枯萎后，先将支架茎蔓清除，然后刨取根部，但不要碰伤根，以防乳汁流失。

采收后，去净泥土，按根条粗细和长短分别晾晒，到 7、8 成干时捆成小把，捆后稍压，再晾晒到里外全干后即可。党参为常用补益药材，用药量大，年平均产值在

1 000 元以上。

第六节 桔梗栽培技术

桔梗为桔梗科深根性多年生草本植物，根供药用。具有镇咳、祛痰作用，可治疗咽喉肿痛等症。

一、整地

选择排水良好，富含腐植质、土层深厚的砂质土壤。地势低洼，排水不良地块不宜栽培。

桔梗根，肉质精壮肥大喜水肥，在耕作时应重施厩肥，亩施厩肥 2 000 ~ 3 000 千克。耕作深度要达到 30 厘米左右，耕作机械应配带深松铲打破犁底层深松底土。

二、播种

分直播和育苗移栽两种方法。直播可分垄播和畦播两种在垄上或畦上开浅沟，覆土深度 1 ~ 2 厘米，60 厘米行距。畦播可在畦面上按 20 ~ 25 厘米行距开沟，播后镇压，保持土壤湿润。苗高 2 ~ 3 厘米时结合松土进行间苗。苗高 5 ~ 6 厘米时按 5 厘米株距定苗。每亩播种量为 0.5 千克左右。育苗移栽时，首先打畦，在畦面上按行距 6 ~ 7 厘米开沟播种。苗出齐后应拔除杂草，保持苗床干净。待苗高 5 ~ 6 厘米时结合除草进行间苗。定苗后应追施一次稀人粪尿，亩施 500 ~ 1 000 千克。育苗一年后于次年 4 月下旬进行垄栽，在垄上开沟，沟深 15 ~ 20 厘米，按株距 7 ~ 9 厘米，将栽子顺沟竖摆，于苗顶覆土 3 厘米左右。也可在垄上进行挖穴栽植。

三、田间管理

桔梗幼苗期生长缓慢，要经常松土除草，在干旱情况下应进行灌水。桔梗喜肥，为提高产量，应多施肥料，生育期除追施人粪尿外，也可追施氮、磷类化学肥料。

四、采收加工

桔梗在直播或移栽后2~3年进行采收。于9月中旬刨取根部，用水浸泡后，刮去外皮，洗净晒干。根皮刮的越净，干燥越快。刮皮要趁鲜，最好刨回就进行，时间拖长，根皮难剥皮影响质量。桔梗除大量药用外，食用量也很大，销路好，年亩效益在1 000元左右。

第七节　黄芩栽培技术

黄芩为唇形科多年生草本植物，以根入药，味苦性寒，有清热燥湿，泻火解毒，止血安胎作用。主治热病发烧、肺热咳嗽、胎动不安、痈疖疮疡等疾病。

野生黄芩生于向阳坡地或荒山上，喜光耐旱，忌潮湿积水环境。

一、选地与整地

以向阳、排水良好，土层深厚肥沃疏松的土壤栽培为佳。也适于砂质土壤或黑砂土种植。耕地在夏耙前应多施含磷、钾为主的猪、羊粪等有机肥，亩施量2~3吨，过磷酸钙50千克、草木灰500千克。深松或旋耕打成50厘米小垄或平播均可。

二、种植方法

直播或育苗移栽均可。直播可分垄播或平播。平播行距可采用 30 厘米行距，开浅沟，复土不能超过 2 厘米，播后应及时镇压。亩播种量 2 千克。播种时间应在 4 月下旬，反浆耕地墒情好时进行。采用育苗移栽方法虽费工，但第二年起收产量高于直播 30% 以上。应选土层深厚的土壤作高畦育苗，育苗畦平方米播量 20 克左右即可。春育苗应在当年晚秋 10 月中间前后进行移栽。在垄上开斜沟栽苗 2~3 株，再开第 2 行沟。一般 133 平方米育苗田可移栽大田 1 亩地。

三、田间管理

当苗高 4 厘米时进行一次间苗，间掉出苗过密的地段，苗高 8 厘米时定苗，按株距 8 厘米留苗，并把缺苗地段补栽满苗。补苗须在阴天进行。对稗草多的地块可用 12% 的拿捕净喷雾进行化学灭草，每亩用量 80 毫升。每年中耕除草 3~4 次。中耕宜浅，不能损伤幼苗。结合中耕再对垄前施复合肥 20~30 千克。在开花期可进行叶面喷肥，亩用磷酸二氢钾 0.6 千克，分三次于晴天进行叶面喷雾。

黄芩在湿度大的情况下发生枯叶病，发病初期用 50% 多菌灵可湿性粉剂 800 倍液喷雾，第 10~15 天喷一次，连续 2~3 次。

四、采收加工

黄芩人工栽培 2~3 年生采收最佳，亩产可达 200~300 千克。一般秋季黄芩地上茎枯萎后采挖，深度 25 厘米以上，边挖边拾净抖落泥土运回，趁鲜剪掉残茎，摊开晒到 6 成干时。捆成小把再晒至全干待售。

黄芩为大宗常用药材，需求量大，销路好，一般年平均亩产效益在 1 000~1 500 元。

第八节　柴胡栽培技术

柴胡为伞形科多年生草本植物，以根及全草入药，味苦、辛、性平，有透气泄热、疏肝解郁、升举阳气之功效。主治湿热往来、胸肋苦闷、肝气郁结、头晕目眩、气虚下陷、月经不调等症。同属植物有 20 多种入药。

野生于较干燥的山坡、林缘、林中隙地，草丛、草原、路边及河旁等处。喜温暖湿润气候，耐寒耐旱，忌高温积水。

一、选地与整地

宜选向阳肥沃疏松排水良好的黑砂土，砂质土壤或腐殖质土栽培。播栽前应重施基肥，可亩施农家肥 2 吨，过磷酸钙 50 千克，耕地经深松深翻后可平播或起小垄栽培。

二、种植方法

可用种子繁殖直播和育苗移栽。柴胡可分春播、夏播和晚秋播。春播可在 4 月下旬开始，夏播可在 6 月末 7 月上旬雨季到来时，晚秋播可在 10 月上、中旬耕地结冻前进行。平播可采用条播，行距 25～30 厘米，小垄栽培采用 30～40 厘米小垄进行垄上播种。亩播种量 1.5～2 千克。播后覆土不易过厚，1.5～2 厘米即可。育苗移栽可进行秋栽和春栽。株距 8～10 厘米。柴胡播种可与红花等药材套种也可与豆类、荞麦等混种、间种，这种既有利柴胡出苗，还能增加经济收入。这种人工生态群落是一种事半功倍立体栽培的好模式。

三、田间管理

苗高 4~5 厘米应进行间苗，株距 8~10 厘米留苗一株。对缺苗地应进行补种补栽。每年中耕除草 3~4 次，中耕宜浅，以防止伤苗，定苗后可进行一次追肥，亩施尿素 7 千克，可作为提苗肥，夏季可增施一次磷酸二铵，亩施量 20 千克，花期晴天可喷叶面肥 300 倍液的磷酸二氢钾 2~3 次。

四、采收加工

柴胡生长 2~3 年采收最佳。一般在 10 上旬植株枯萎后或春季土壤解冻柴胡未萌芽前进行，应从地一端开始采挖，抖落泥土运回。并趁鲜剪掉芦头和侧根分级捆成小把。一般亩产 80~150 千克。种子在 9 月多数种子蜡熟时采收，一般亩产种子 20~30 千克。

柴胡为大宗最常用药材，且出口量大。目前野生资源枯竭。人工栽培潜力大，年平均亩效益在 1 000 元以上。

第九节　板蓝根栽培技术

板蓝根别名大靛、菘兰、菘青、大青等，为十字花科二年生草本。以根入药称板蓝根，只一年起收，以叶入药称大青叶，根及叶味苦、性寒。有清热解毒、凉血消斑的功能。可作为一年生种植，一般不能越冬。秋季收根入菜窖中贮藏。第二年栽种可得到种子。

板蓝根喜温和、湿润气候，耐寒、怕涝，水浸后易烂根，对土壤要求不严，一般地均可种植。底肥充足耐连作。但选择排水良好的砂质壤土为宜。

一、整地施肥

板蓝根属深根植物，选择土层深厚，疏松的土地。每亩施圈肥 3 000~4 000 千克，亩施磷酸二铵 15 千克，亩用生物钾肥 4 千克，均匀撒于地内深翻 30 厘米以上，有利于根部生长成顺直光滑不分叉。然后做成 1 米宽的平畦，以待播种。

二、播种

春播在 4 月上旬。以条播为好。播前种子用 40 ℃温水浸泡 4 小时，用草灰播拌匀。然后在畦面上按行距 20 厘米，开一条 1.5 厘米深的浅沟，将种子均匀撒于沟内，覆土 1 厘米，稍加镇压，灌透水 7~10 天可出苗，如种子发芽率 70%，每亩用种量 2.5 千克左右。

三、留种与采种

一年生大青叶不开花结果，春播的当年可收根。在刨根时，注意选择无病虫害，粗大健壮不分叉的根条留种。按行距 40 厘米×30 厘米，移栽到肥沃的留种地里培植。栽后及时浇水，加强管理。冬季需培土、施肥防寒。翌年 4 月幼苗返青后及时浇水松土除草。不可过量施氮肥，否则茎秆徒长细弱，遇风雨易倒伏，不利种子成熟。因此根部要配合施磷钾肥，种子顺序成熟后，采收晒干脱粒，放置迎风干燥处贮存。

四、田间管理

（一）松土除草

播种后保持土地湿润，以利出苗。幼苗出土后浅锄，防止伤幼苗，保持土疏松无杂草。

（二）间苗定苗

苗高 7~8 厘米时按株距 6~10 厘米定苗，去弱留壮缺苗补齐。

（三）追肥浇水

以收大青叶为主的，一年要追 3 次肥，第一次在定植后，每亩用尿素 10~15 千克，在行间开浅沟施入，地旱及时浇水。第 2、3 次都在收完叶子后立即追肥，每次可用圈肥并适当配施磷钾肥使植株生长旺盛。以收板蓝根为主的，生长旺期不割叶子，少追氮肥，适当施草木灰，促使根部生长粗大，产根量高，根叶兼收时，生长旺盛时期割一次叶子，秋后收根。

五、病虫害防治

（一）霜霉病

为害叶部，叶背面不产生白色或灰色霉状物，无明显病斑，严重时叶枯黄。防治方法：①采取农业综合防治排水，夏防涝，通风透光，烧毁病株。②发病初期用 65％代森锌可湿性粉剂或百菌清喷施，控制其蔓延。

（二）菜青虫、蚜虫

为害叶片，严重时将叶片吃成网状，叶片卷曲、植株矮小，蚜虫用 40％乐果乳剂 2 000 倍喷施，菜青虫用敌杀死、万灵进行喷洒防治。在生长期进行两次辛硫磷灌根，以防地蛆，造成烂根。

六、收获加工

如收大青叶，播种后水肥管理跟上去，一年可割收 2~3 次。割收叶子时选晴天，立即晒干，色绿、质量好。如遇阴雨应烘干，否则要发霉变黑，降低质量。干后即可供药用。收板蓝根时，注意不要刨断刨伤，影响质量，把刨回的根晾到六、七成干，去掉泥土，捆成小捆，晒至完全干燥。以粗壮均匀、条干整齐粉性足实者为佳品，一般亩产板蓝根300~500千克，产叶200千克左右。

第四章　食用菌栽培技术

第一节 杏鲍菇工厂化袋式栽培技术

杏鲍菇（*Pleurotus eryngii*），又称刺芹侧耳，菌盖及菌柄组织致密结实，菌柄雪白粗长，质地脆滑爽口，口感极佳，因其子实体具有杏仁的香味和鲍鱼的口感，被称之为"平菇王""干贝菇"，深受消费者喜爱。由于杏鲍菇菌丝体适宜生长温度为 21~26 ℃，子实体生长温度为 10~20 ℃，最适生长温度为 14~16 ℃，属于中低温型的恒温结实型菇类。传统的农家栽培只能根据自然气候条件选择在秋末冬初进行栽培，无法满足市民的消费需求。而工厂化栽培中，利用制冷机组等设备创造适宜的温度、光照、湿度、空气等环境条件，可以周年生产杏鲍菇，供应不同季节需求。

一、栽培前的准备

（一）选择优良菌种

杏鲍菇菌种的优劣直接关系到栽培的成功与否。栽培者要根据市场需求选择抗病性强、管理方便、商品性状好的优良菌株进行栽培，菌种的生产和使用严格遵循 NY/T 862—2004《杏鲍菇和白灵菇菌种》、NY/T 528—2002《食用菌菌种生产技术规程》。

（二）栽培原料的准备与栽培场所的设置

杏鲍菇属于木腐生菌类，栽培原料主要有杂木屑、棉籽壳、玉米芯、蔗渣等农副产品下角料，并适当添加一些辅料，如麦麸、细米糠、玉米粉等。栽培者可因地制宜，根据当地资源，就地取材，制定出适合杏鲍菇生长需要的合理且经济的培养料配方。生产所用的原辅材料应新鲜、洁净、干燥、无虫蛀、无霉烂、无异味，生产用水应符合城市生活饮用水标准。

杏鲍菇工厂化栽培必须建筑专用的培养室和出菇房，建筑材料如彩钢板、砖墙加聚氨酯泡沫板等。培养室设置 7 层培养架供接种后培养菌丝使用，层架间距 38 厘米，层架横向宽度 120 厘米，层架上可以铺设木条或铁丝网格，以便上下空气流通，长度控制在 7~9 米为宜，培养室、出菇房面积以 60~70 平方米为宜。

二、栽培工艺与培养料配方

（一）栽培工艺

杏鲍菇栽培工艺与金针菇等大多数木腐菌相似，栽培工艺流程如下：培养料配制→搅拌→装袋→灭菌→冷却→接种→培养→出菇管理→采收。

（二）配方

常用配方：棉籽壳 25%，杂木屑 30%，玉米芯 18%，麸皮 20%，玉米粉 5%，石膏 1%，过磷酸钙 1%，装袋前含水量控制在 64%~68%，pH 自然。

三、培养料配制、制包和灭菌

棉籽壳和玉米芯要根据气候条件预湿 4~6 小时，木屑最后提前 2~3 月淋水发酵，以便菌丝充分吸收其中的养分和灭菌彻底。按照培养料配方称取不同原辅材料，在制包前预先测定各种原料的含水量，根据最终混合料的计划含水量计算出所需加水量，以便准确把握培养料的水分含量，做到定量加水。由于杏鲍菇在栽培过程中不喷水，要求制包培养料水分控制在 64%~68%，具体还应参考不同季节、主要原料的持水性，如夏季含水量宜低些，冬季则宜高些；以木屑为主要原料，则应将水分控制的稍低一些，而若采用玉米芯为主要原料，则可将水分控制的稍高一些。可用红外线水分测定仪测试。同时，要求制包前培养料 pH 维持在 7~8。

采用对折口径 17 厘米×38 厘米×0.005 厘米的高压聚丙烯塑料袋装料制包，要求每袋装入湿料 0.9~1.0 千克，培养料上紧下松，料中间打接种孔至底部，孔径 2 厘米，拉紧颈套，使得料与袋壁、料面紧贴，塞上棉花塞或专业塑料盖。由锅炉供给蒸汽采用常压或高压灭菌，常压灭菌标准为 100 ℃保持 10~13 小时，高压灭菌为 121 ℃保持 2.5~3.5 小时。从配料到入锅灭菌要尽量控制 4 小时以内，以免培养料酸化，为了加快设备及工具的周转，工厂化栽培一般采用高压蒸汽灭菌。

四、冷却和接种

将灭菌后的菌包放置于冷却室内进行自然冷却或强制冷却，待灭菌后料包温度冷却至 25 ℃左右时及时进行无菌接种，以减少杂菌污染的机会。接种操作前 1 小时开启接种室的空气净化系统，确保整个接种过程中接种室处于正压状态。接种人员穿戴经消毒灭菌后的衣鞋帽进入接种室，双手用 75%酒精棉球擦拭消毒，接种工具用 75%酒精棉球擦拭消毒后并经火焰灼烧灭菌冷却后备用。当天使用的菌种须有专人严格挑选进行预先消毒处理，使用时将表层约 2 厘米的老菌皮挖弃，然后将菌种捣碎后倒入料包预留孔穴内，使部分菌种能直接落入料包底部，这样可加快菌丝满袋速度，并确保整批菌包走菌均匀一致。接种量要求能将预留孔穴填平，每袋接种量为 15 克，即每袋原种接 20 包。

五、菌丝培养

培养室通风口处应安装防鼠、防虫装置，使用前用高锰酸钾熏蒸 24 小时进行彻底消毒，菌包培养过程中也应进行定期消毒。接种后将菌包置于恒温 22~24 ℃，空气相对湿度控制 60%~70%的培养室内进行避光培养，每天早晚进行 0.5 小时通风换气。菌包与菌包之间应留少许空隙，以避免菌包发热时引起"烧菌"。菌丝封面后及时挑除污染菌包，特别是高温高湿季节，做到早发现、早处理、早预防。

六、出菇管理

正常情况下，经过 23~25 天的培养菌丝可满袋，再进行 10 天左右的后熟培养，菌包便可移入栽培房进行催蕾出菇，出菇房温度设置为 14~16 ℃，保证有 10 ℃温差。栽培房同样需要提前 24 小时进行彻底消毒。将生理成熟的菌包搬入出菇房，先"练包"两天，在拔出棉花塞和套环，使料中心温度降至 14~16 ℃，保持空气相对湿度 90%~95%，每天光照 10 小时，CO_2 维持在 0.3%以下，由于降温刺激、光照刺激、机械刺激，7~10 天后就可看见半圆形的小突起（菇蕾原基）。菇蕾形成期 CO_2 维持在 0.4%，每天光照 2 小时，利用干湿交替、高 CO_2 来控制菇蕾的形成数量，为提高杏鲍菇的商品性状，待菇蕾长至 3~5 厘米时进行集中"疏蕾"，每袋留 2~3 个健壮、菇形好、无损伤的菇蕾，切除多余的菇蕾。10~11 天后待菇蕾长到指头大小时，维持空气相对湿度 85%~95%，CO_2 浓度可控制在 0.5%左右，因为适当高浓度的 CO_2 有利于增加菇柄长度，抑制菇帽长大开伞。

七、采收

当菇柄伸长至 12 厘米左右，上下粗细比较一致、菇盖呈半圆球形时，开始转入成熟期管理，此时为促进菌盖适当开展，将 CO_2 浓度降低至 0.2%左右，空气相对湿度降至 85%~90%，2~3 天后菇柄伸长至 12~15 厘米开始采收。采收时，一手握紧菌袋，一手握紧菌柄，轻轻一扭便可采下，采菇动作要轻，否则易损伤菇盖，降低其商品价值。工厂化栽培一般只采收 1 潮菇，生物转化率可达 60%~80%，在春秋季外界气温低于 20 ℃时，第二潮菇可安排在大棚脱袋覆土出菇，总转化率在 100%以上。

第二节　滑子菇高产栽培技术

滑子菇又名滑菇、光帽鳞伞，日本叫纳美菇，学名 *Pholiotanamekio*。在植物学分类上属真菌门、担子菌亚门、担子菌纲、伞菌目、丝膜菌科、鳞伞属。属于珍稀品种，原产于日本，自 20 世纪 70 年代中叶，始于辽宁省南部地区，现主产区为河北北部、辽宁、黑龙江等地。

一、栽培季节

滑子菇属低温变温结实型菌类，我国北方一般采用春种秋出，栽培时宜半熟料栽培，最好选择气温在 8 ℃以下的早春季节，最佳播种期为 2 月中旬-3 月中旬。

二、选择优良菌种

（一）品种选择

滑子菇根据出菇温度的不同分极早生种（出菇适温为 7～20 ℃）、早生种（5～15 ℃）、中生种（7～12 ℃）、晚生种（5～10 ℃）。生产者要根据当地气候、栽培方式和目的来选用优良品种。现在主产区的主栽品种主要有早丰112.C3-1 等。

（二）菌种选择

选用菌种时要求不退化、不混杂，从外观看菌丝洁白、绒毛状，生长致密、均匀、健壮；要求菌龄在 50～60 天，不老化，不萎缩，无积水现象；选用菌种时应各品种搭配使用，不可单一使用一种品种，防止出菇过于集中影响产品销售。

三、滑子菇出菇棚的建造

良好的栽培场地是滑子菇正常生长发育的基本条件，在目前农村的生产水平和经济条件下，一般都是因陋就简利用空闲住房，棚室做菇房，也有在防空洞、山洞等场所栽培滑子菇的，且大都采用一场两用，既是菌丝培养室又是子实体生长发育的出菇室。

现标准化生产一般采用百叶窗式出菇棚，棚高 3.5 米，棚内培养架可用木杆、竹杆分层搭设，一般架高 1.7~1.8 米，宽 0.6 米，底层距地面 0.2 米，层架间距 0.3~0.4 米，以舍七层为宜，中间留 0.8 米走道。也可用水泥当立柱，拉四条 8 号铁线为横杆的结构。

四、常用配方

配方一：木屑 77%，麦麸或米糠 20%，石膏 2%，过磷酸钙 1%，pH 值 6.0~6.5，含水量 60%~65%。

配方二：也是目前推广的配方，木屑 84%，麦麸或米糠 12%，玉米粉 2.5%，石膏 1%，石灰 0.5%，pH 值 6.0~6.5，含水量 60%~65%。

五、拌料

将培养料按比例称好，搅拌均匀，加水量可根据原料的干湿，使含水量达 60%~65%，堆闷 30 分钟。以手攥成团，撒手即散为准。

六、灭菌

（一）采用散料灭菌

蒸汽式（充气式锅炉）层层撒料灭菌法。首先将锅屉上铺一层麻袋以免漏料，当蒸汽上来后再向锅屉上平铺厚为 6~8 厘米的培养料（不能用手或铁锹拍压）。当大气上来时，再用铁锹分层撒料，做到撒料均匀，要压住气，如此一层层装入，装 8 分满即可，也就是料面到离上口 20 厘米。加盖、压实，大火猛攻达 100 ℃后保持 2 小时后，再闷 30~40 分钟即可趁热出锅，灭菌一定要彻底，每锅适宜灭菌 200~500 盘（采用粗木屑为主料的应延长灭菌时间）。

（二）包盘

首先将模子放在托盘上，把事先裁好的薄膜放在 800 倍液的霸力溶液中浸泡或放在 0.1%的高锰酸钾的溶液中 10 分钟后再放在模子上铺好，将灭菌好的培养料趁热装盘，培养料温度不可低于 80 ℃，将菌盘内的培养料压紧、压实、包好。

七、接种

（一）接种室消毒及准备

首先应做好接种室的消毒，每立方米用 5~8 克消毒盒重点消毒，操作者应按操作要求做好接种前的准备工作，用 5%来苏尔喷洒培养盘和一切搬运、接种工具；关闭门窗。

（二）接种方法

当料温降至 25 ℃左右时，即可按无菌操作要求接种。每标准盘用 200 克或 250 克菌种。去掉老皮和原基，将菌种掰成杏核大小的块，打开薄膜，把菌种撒于料面，用消毒过的压板适当压实，对折薄膜并将两端向上卷紧，以防水分蒸发。生产实践证明，接种量适当加大些，菌丝生长迅速，可以防止杂菌早期发生。

八、发菌管理

（一）菌丝萌发定植期管理

北方滑子菇接种一般安排在 2 月中旬至 3 月中旬完成，此时日平均温度在−6～5 ℃，未达到菌丝生长所需的最低温度 5 ℃以上，这时需人为提温，如在室外码盘发菌的，夜间应用玉米秸或稻草将菌垛周围围起。促进菌丝定植，并每隔三四天测料温一次，菌块温度高于 12 ℃以上时，应将菌盘单盘上架摆放。

（二）菌丝扩展封面期管理

定植的菌丝体，逐渐变白，并向四周延伸。随着温度提高，菌丝生长加快并向料内生长，但随着温度的升高，杂菌也会蔓延，造成污染，这个阶段应以预防污染为中心，未上架的菌盘摆成"品"字型，垛高 8 层以下，棚内温度控制在 8～12 ℃为宜，要求 5～7 天翻盘倒垛一次，加大通风量。

（三）菌丝长满期管理

进入 4 月中旬，气温升高，菌丝已长满整个盘，此时菌丝呼吸加强，需氧量加大，释放热量，需要控温在 18 ℃左右，另外加大通风量。

（四）越夏管理

7、8 月份高温季节来临，滑子菇一般已形成一层黄褐色腊质层，菌块富有弹性，对不良环境抵抗能力增强，但如温度超过 30 ℃以上，菌块内菌丝会由于受高温及氧气供应不足而死亡。因此，此阶段应加强遮光度，昼夜通风，棚顶上除打开天窗或拔风筒外，更应安装双层遮荫网或喷水降温设施。并且在所有通风口处安装防虫网，防止成虫飞入或幼虫危害，必要时可喷洒低毒无残留的生物农药。如喷洒 20% 的溴氰菊酯或氯氰菊酯等。

九、出菇期管理

8 月中旬气温稳定在 18 ℃ 左右，滑子菇已达到生理成熟，可进行开盘出菇管理。

（一）划菌

菌块的菌膜太厚，不利于出菇，需用竹刀或铁钉在菌块表面划线，纵横划成宽 2 厘米左右的格子。划透菌膜，深浅要湿度，一般 1 厘米深即可，划线过深菌块易断裂。然后平放或立放在架上喷水，调节室温到 15 ℃ 左右，促使子实体形成。

（二）温度管理

滑子菇属低温型种类，在 10~15 ℃ 条件下子实体生长较适宜，高于 20 ℃ 子实体形成慢，菇盖小、柄细、肉薄、易开伞。子实体对低温抵抗力强，在 5 ℃ 左右也能生长，但不旺盛。变温条件下子实体生长极好，产菇多、菇体大、肉质厚、质量好、健壮无杂菌。9 月以后深秋季节，自然温差大，应充分利用自然温差，加强管理，促进多产菇。夜间气温低，出菇室温度不低于 10 ℃；中午气温高，应注意通风，使出菇室温度不高于 20 ℃。

（三）湿度管理

水分是滑子菇高产的重要条件之一，为保证滑子菇子实体生长发育对水分的需要，应适当地喷水，增加菌块水分（70% 左右）和空气湿度（90% 左右），每天至少喷水 2 次，施水量应根据室内湿度高低和子实体生长情况决定。空气湿度要保持在85%~95%，天气干燥，风流过大，可适当增加喷水次数，子实体发生越多，菇体生长越旺盛，代谢能力越大，越需加大施水量。

喷水时应注意事项：

菌盘喷水时要用喷雾器细喷、勤喷，使水缓慢通过表面划线渗入菌块，禁止喷急水、大水。喷水时，喷雾器的头要高些，防止水冲击菇体。

冬季出菇室采用升温设备，不能在加温前喷水，应在室温上升后 2 小时喷水。

（四）通风管理

出菇期菌丝体呼吸量增强，需氧量明显增加，因此，需保持室内空气清新。通风时，注意温、湿度变化，出菇期如自然温度较高，室内通风不好，会造成不出菇或畸形菇增多，此外，温度较高的季节出菇时必须日夜开启通风口或排气孔，使空气对流，保证室内足够的氧气供菇体需要。

（五）光照管理

滑子菇子实体生长时需要散射光，菌块不能摆得太密，室内不能太暗，如没有足够的散射光，菇体色浅，柄细长。

十、采收期管理

滑子菇应在开伞前采收，开伞后采收不仅滑子菇商品质量下降，而且由于开伞后孢子落在菌盘上会引起菌盘感染。采收标准根据收购商要求确定。采收完头潮菇后会停水 2~3 天，使菇盘上的菌丝恢复，积累养分，使菇盘含水量达到 70%，棚内空气湿度达 85%，加强通风，拉大昼夜温差，促使二潮菇形成。

第五章　日光温室建造技术及冻害防治措施

第一节　日常温室建造技术

一、日光温室建设园址的选择

日光温室建设要选择地面开阔、无遮阴、避风、平坦的矩形地块，要求四周无障碍物，以免高温季节窝风，影响棚室通风换气和植物光合作用。温室建设区域要远离污水排放与城镇垃圾堆放区域，保证设施农业无公害化生产，同时要有便捷的水源条件与良好的排水条件和设施。

为便于温室建设与设施农产品的运销，设施农业小区应选择在靠近公路和批发市场（农贸市场）的地方建设。在城郊或工业区附近建设设施农业小区应选择在上风口处，以减少粉尘及其他污染物对棚膜造成的污染和积尘，影响棚室内采光。

二、日光温室结构及参数

（一）温室方位

日光温室应该坐北朝南，东西延长，正南偏西 5°~8°。原因是通辽地处北纬 43 度高纬度地区，冬季外界温度低，如果朝南偏东的温室在早晨日出揭被后，温室内温度明显下降，或塑料薄膜结霜而影响光照，反而抑制作物的光合作用；而温室朝南偏西，有利于延长午后的光照蓄热时间和夜间保温，作物在下午的时候有一个光合小高峰，这样有利于作物进行光合作用。

（二）温室间距

两栋温室之间的距离以冬至太阳高度角最小时，前栋温室不遮盖后一栋温室采光为准。一般为温室高度的 2.5~3 倍为宜。在风大的地方，为避免道路变成风口，温室或大棚要错开排列。

（三）温室的长度

温室长度一般在 80~100 米为宜，过长易造成通风困难，浇水不均。如果把温室设计成是大于 100 米的，那就应该给这个温室设置两个门，东面一个，西面一个。

（四）宽度

又称"跨度"指的是南北之间的距离，日光温室的跨度以 7.5~8.5 米最为适宜。过大或过小不利于采光、保温、作物生育及人工作业。

（五）温室的高度

温室的高度是指温室屋脊到地面的垂直高度。一般：跨度为 7.5~8.5 米的日光温室，在北方地区如果生产喜温作物，高度以 4.0~4.6 米为宜。

温室结构示意见图 5.1。

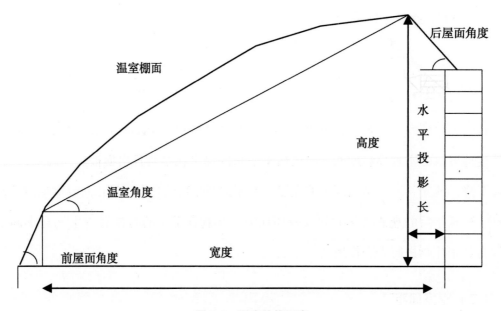

图 5.1　温室结构示意

（六）温室角度（图 5.2）

温室角度是指温室前屋面高 1 米处与地平面的夹角，这个角度对温室的影响很大，计算公式为：

$$温室角度 = 23.5 + （当地纬度 - 40）\times 0.618 + \alpha_1 + \alpha_2 + \alpha_3$$

式中，α_1：纬度调节系数，>50 度 -1，<35 度 +1；α_2：海拔高度调节系数，每升高 1 000 米 +1；α_3：应用方式调节系数，以冬季生产为主的 +1。

通辽市位于自治区东部，地处北纬 42.15°~45.41°，东经 119.15°~123.43°，通辽市地处松原平原西端，属于内蒙古高原递降到低山丘陵和倾斜冲击平原地带。北部山区属于大兴安岭余脉，海拔高度为 1 000~1 400 米；中部属于西辽河、新开河、教来河冲击平原，由西向东逐渐倾斜，海拔有 90~320 米，南部和西部属于辽西山区的边缘地带，海拔为 400~600 米。

举例：纬度：43 度，海拔 1 000 米用于冬季生产，则温室角度为 23.5 + （43 - 40）×0.618 + 0 + 1 + 1 = 27.354（图 5.2）。

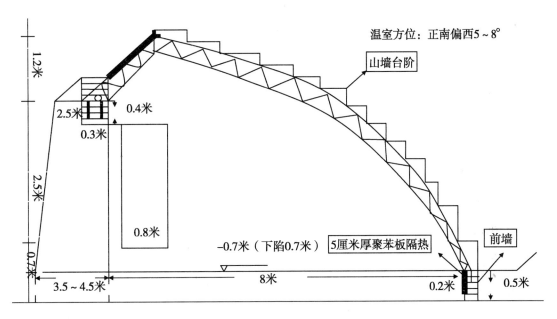

图 5.2 机建厚墙体保温墙结构

（七）温室后屋面角度

后屋面角度是指温室后屋面与后墙顶部水平线的夹角，后屋面的仰角应为 37～45 度，温室屋脊与后墙顶部高度差应为 90～120 厘米，这样可使寒冷季节有更多的直射光照射在后墙及后屋面上，有利于保温。

后屋面仰角大的好处，一是冬季反射光好，能增加温室后部光照；二是后坡内侧因阳光辐射，有利于夜间保温；三是能增加钢架水平推力，增加温室的稳固性；四是避免夏天遮荫严重的现象。

（八）后屋面水平投影长度

后屋面过长，在冬季太阳高度角较小时，就会出现遮光现象，因此，后屋面水平投影长度以小于或等于 1.0 米为宜。

温室结构示意图如图 5.1 所示。

三、日光温室的建造

（一）后墙建造

日光温室的墙体即可起到承重作用又可以起到保温蓄热作用。墙体最好是内层采用蓄热系数大、外层采用导热率小的材料。据有关试验数据显示，从温室土墙表面向内纵深 1.6 米处时，温度不再发生变化，就是说，温室墙体 1.6 米为温度的平衡点，因此，温室的后墙厚度并不是越厚保温效果越好。后墙体的宽度可分 3 种：

①机械筑墙，后土墙体的底宽 4.0～4.5 米，上宽 2.0～2.5 米。如图 5.2、图 5.3 所示；各接点放大图见 5.4。

②土板打墙或泥垛墙，墙底宽 2.0～2.5 米，上宽 1 米，打墙时先把土润湿，一层土一层草，逐层夯实。

③砖墙，墙宽 0.48 米，外墙宽 0.24 米，内墙 0.12 米，内、外墙之间填充隔热材

料。隔热材料可以选择聚苯板、麦秸、蛭石，也可以采用干燥的沙土。

后墙建设好之后应该在后墙顶部建一个 20 厘米×40 厘米的混凝土梁，在打混凝土梁的同时，应每隔 1 米处下一个 ϕ8 或者 ϕ12，以便焊接棚架。

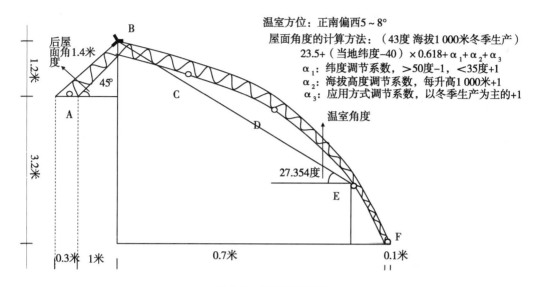

温室方位：正南偏西5~8°

屋面角度的计算方法：（43度 海拔1 000米冬季生产）

23.5+（当地纬度−40）×0.618+α_1+α_2+α_3

α_1：纬度调节系数，>50度−1，<35度+1

α_2：海拔高度调节系数，每升高1 000米+1

α_3：应用方式调节系数，以冬季生产为主的+1

图 5.3 温室角度结构

（二）温室后坡建造

温室后坡长 1.2~1.6 米，钢拱架的后坡可用水泥预制件或用木板铺在后坡底部，再上铺一层旧薄膜，加高密度 10 厘米厚的聚苯板，然后放炉渣，最上层可抹水泥和白灰做防水处理。竹木拱架的日光温室可在屋脊横梁和后墙上放小椽，每 25 厘米放一根小椽，每个标准日光温室需椽木 200 根，椽木长 1.5~1.2 米，在小椽上横放玉米秸或高粱秸捆覆盖，直径 15~20 厘米，然后上放碎稻草 20 厘米，再抹草泥 2 厘米（部分钢拱架也采用此方法建后坡）（图 5.5）。

无论哪种形式的后坡，如果后坡铺设草帘或者是秸秆，那就要求铺设的草帘或者是秸秆内外侧必须铺设塑料薄膜，并包裹严实，以保持铺设草帘或者是秸秆干燥，防止透风，以增加保温效果和延长其使用寿命。

也可以根据当地情况或者现有的农作物副产品作为保温材料，从内到外排列顺序如下。

（1）椽子或木板或石棉瓦，用椽子是必须排密，留得间隙越小越好；用石棉瓦一定要用加厚的。

（2）塑料膜。

（3）秸秆或者是高密度板或者是炉渣或者草帘。用炉渣时一定要打实，不能虚。

（4）塑料膜。

（5）水泥或者石棉瓦或者土。

也可以直接利用保温板，还可以由炉渣加上水泥、空心砖、充气砖等这种材料轻质保温材料。

（三）棚架设计

1. 竹木拱架

采用竹竿或木杆做拱架，沿长度每隔 3 米设一列立柱，再按宽度设 3~4 排立柱，第一排立柱也叫后立柱，是支撑后坡面和前屋面以及草苫的主要立柱，所以承受力量最大。一般后立柱 4.5 米，需要埋入地下 0.5 米，地上高度 4.0 米（包括温室地面下挖 0.4 米）。立柱的埋放要求：一是埋立柱的坑底要摆放基石，防止立柱受压后下沉。二是立柱顶端应向后墙倾斜 8~10 厘米以平衡后坡的重力。在后立柱上面架设一南北向横梁（也称脊檩），可采用钢管、水泥、木材等做横梁。温室前沿一排立柱叫前立柱。前立柱底部距温室前底脚约 1 米，柱长 1.5 米，下埋 0.3 米，地上部 1.2 米，埋前立柱时，立柱顶端向南侧倾斜 0.3 米左右，其主要作用是承担温室前屋面北向压力。前后两排立柱之间设 1~2 排立柱，每排立柱下埋 30~40 厘米，底垫二层砖或石块，要前后左右对直。并用直径 φ14 钢丝绳将每排立柱连接，钢丝绳用紧线器拉紧，两端用锚石坠住。在立柱与钢丝绳形成的棚面上架设拱杆，形成前屋面。该类型温室拱架造价低、投资少，由于它支柱较多，作业不方便，遮光较大，且需要年年维护。

2. 钢筋或钢管拱架

用钢筋或钢管焊接的双弦拱架，钢管必须是管壁厚度为 2.4 毫米的国标 4 分管。一般每 1 米设一道拱架，用 4 分钢管设横向拉筋，横向拉筋设 3~4 道，互相连接而成。钢架外拱为 4 分钢管，内拱为 φ14 圆钢，花筋为 φ10 圆钢（图 5.4）。除锈后，刷两遍防锈漆。该类型温室造价高，投资较大，由于采用钢筋拱架，遮阳率少、没有支柱，便于作物生产和管理人员操作，而且维护费用少，折旧期年限长。

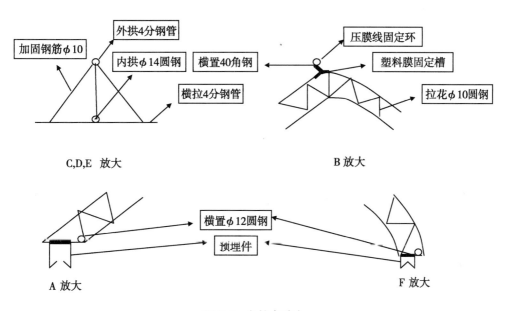

图 5.4　各接点放大

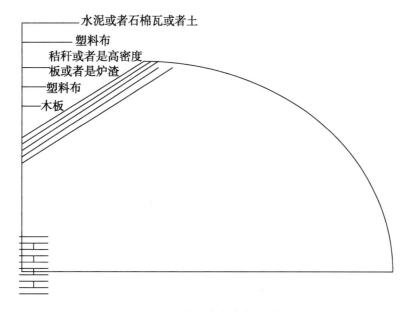

图 5.5　温室后坡建造方式示例

（四）前墙设计

在温室前端修建 24 砖墙或 20 厘米宽 50 厘米深混凝土过梁，每隔 1 米与后墙对应留预埋件。以便棚架的焊接和棚架的稳固。

（五）后墙通风的设计

为了加大温室的通风效果，可在砖墙上预留通风口，后墙的通风孔与前面形成气流，可以穿过温室。操作非常方便，这里必须注意通风孔的位置和面积。具体要求如下。

通风孔的大小通常是 0.3~0.5 平方米；通风口的高度至少在 1 米左右高的地方，一般在 1.5 米的地方，可使气流畅通，在气流流动的同时把热量带走，而且不伤及苗子。

四、辅助设备

（一）灌溉系统

日光温室的灌溉以冬季寒冷季节为重点，不宜明水灌溉，最好采用管道灌溉或滴灌。

传统方法：目前日光温室多数沿袭传统的沟灌或畦面灌溉。这是露地栽培灌溉的方法。在温室内是不适用的，一是用水量大，既浪费水资源和能源又降低地温，增加空气湿度，土壤板结，还容易发生气传病害，因此为了避免大水漫灌和畦灌对温室生产的不利影响，温室内宜采用膜下软管微喷技术。既节水，又能防止棚室蔬菜因湿度大发病严重的问题，膜下软管微喷技术具有以下优点。

1. 节水、节肥效果明显，有效防止了土壤的板结

（1）日光温室软管微喷技术虽然浇水的频率高，每 3~5 天就必须浇灌一次，但每次的浇水量较小。另外，微管带铺在作物根系地表面的塑料薄膜下，每次灌水都均匀

分布在根系土层内，而无大量积水乱流现象，不仅减少了水分浪费，而且还减少了水分的蒸发，一亩全生育期可节水 100~1 500 立方米，节水率 60%。

（2）增加土壤综合肥力。与大水漫灌相比，使用软管微喷的土壤有机质、氮、磷、钾含量都有增加。应用微喷技术，底肥、追肥集中，水在土壤中渗透慢，减少了水肥的深层渗透，避免了养分流失，有利于作物均匀吸收养分和水分，进而提高肥效。

（3）能较好地保持土壤的理化特性，应用微喷技术，给水时间长，速度慢，使土壤疏松。容重小、土壤孔隙适中，减轻了土壤的酸化和盐化程度，为作物正常生长创造了良好的土壤环境，有利于作物生长。

2. 改变棚内温湿度，减少病虫害的发生，提早上市

在低温季节，软管微喷技术的应用，明显提高地温、气温。地温可增高 3~5 ℃，气温增高 1~3 ℃，且温室内相对湿度减少 23% 左右，减少病虫害的发生。地温、气温的提高，将使产品提前一周上市。在高温季节不覆盖地膜，随时都可浇水，可以减低地温，增加棚内湿度，减少病毒病的发生，有利于增产增收。

3. 省工、省时、省地

膜下软管微喷给水不用人工护渠，占地比人工护渠节省 6%，每亩多定植 100~200 株，用软管微喷，合上电闸即可浇水施肥，省去了沟灌时需人工不断引开水垄沟。

4. 投入少

该设备 1 亩投入 490 元左右，可使用 3 年以上。

5. 使用方法

（1）平整地面，做畦，畦面高出垄沟 10 厘米左右。

（2）铺输水管和微灌带，在畦面（或垄间）铺设微灌带，将其尾端封住，微孔向上。根据微灌带的位置用剪刀将输出水管剪出相应的接头安装孔。（孔不可大于内接头直径）。

（3）安装接头，将内接头从输水管两端塞入管内，依次一枝各孔处挤出，套上胶垫，拧紧外接头。

（4）连接微灌带，将微灌带放在接头尾部的套圈内，用力套在外接头上。

（5）水管拉直，然后覆上地膜。

6. 注意事项

（1）水源清洁，水中不能有大于 0.8 毫米的悬浮物。

（2）作物行距小于 40 厘米时，可双行苗一根微灌带，大于 40 厘米时，应每行用一根微喷带。

（3）要求水泵功率 750~1 000 瓦，使用长度最好是小于 80 米。

（二）作业间

作业间是工作人员休息场所，又是放置小农具和部分生产资料的地方，更主要是出入温室起到缓冲作用。可防止冷空气直接进入温室。

（三）防寒沟

防寒沟设在温室的南侧，挖一条宽 30~40 厘米、深度不小于冻土层厚度的、略长于温室长度的沟，在沟内填满马粪、稻壳或碎秸秆等，踩实后在盖土封严，盖土厚 15 厘米以上。或者是在前墙 24 砖墙或 20 厘米宽 50 厘米深混凝土过梁内贴一层 5 厘米厚聚苯板隔热。保温效果最为理想。

（四）卷帘机

日光温室前屋面夜间覆盖保温被，白天卷起夜间放下，若保温被有两个人操作，则需要较长的时间，特别是严寒冬季，太阳升起后，因卷帘需要较长时间，对作物的生长有一定的影响，午后盖帘子，若在温度最适宜的时候进行，不等盖完，温度已经下降，影响夜间保温；若提前覆盖，盖完后室内温度偏高，作物又容易徒长，特别是遇到时阴时晴的天气，帘子不可能及时掀盖，利用卷帘机就可以在短时间内完成。防止风把棉被吹到后面。

（五）反光幕

在日光温室栽培畦的北侧或者是靠后墙部位张挂反光幕，可利用反光，改善后部弱光区的光照，有较好的补光增温作用。

（六）蓄水池

日光温室冬季灌溉水温偏低，灌水后常使地温下降，影响作物根系的生长，我们可以在日光温室内放置大缸或者是修建蓄水池，要求蓄水池白天掀开晒水，夜间盖上，既可以提高水温又可以防止水分蒸发。

（七）沼气池

我们也可以在日光温室内修建沼气池，这样，就为日光温室生产栽培提供了较好的肥料和热源。

五、日光温室的覆盖材料

（一）塑料薄膜的选择

1. PVC、聚氯乙烯无滴防老化膜

保温性能好，耐低温，透光性好，防尘性差，但是重，易产生静电，不耐拉，用量130千克/亩，后期透光性差。建议越冬果类菜生产时使用。

2. PE膜

聚乙烯膜和聚乙烯无滴防老化膜，重量轻，拉力强，透光性、保温性、耐候性中等，防尘良，用量100千克/亩。

3. EVA膜

聚乙烯-醋酸乙烯膜，耐拉、透光、耐低温性优，保温，除尘、流滴性良，用量少，温室用量100千克/亩，但造价较高。

（二）保温材料的选择

1. 纸被

防寒纸被，由12层牛皮纸构成，规格为2.5米×7.5米，每亩需要42条。使用年限 15~20 年。但纸被投资高，易被雨水、雪水淋湿。

2. 保温被

是由内芯和外皮组成，保温性能相对较好，棉被多用包装布与落地棉或者黑心棉制成。规格为 2.5 米×7.5 米，每亩需要 40 条左右。保温能力在 10 ℃ 左右，可用 10 年。表面是由防雨布代替，能够避免帘子发霉，沤烂。

3. 草帘

草帘的保温性能随其厚薄、干湿度而异，一般覆盖可提高温度 1~2 ℃，草帘取材容易，但易被淋湿，淋湿后重量增大，操作不便。

六、塑料棚膜的连接

扣棚膜时，最好采用三幅，上幅宽 2.5 米，中间幅宽 5~7 米（依温室跨度而定），下幅宽 1.5 米，每幅上下搭接处的塑料边烙合形成裤套，中间串绳，为防止雨雪水顺棚膜面流入棚内，上棚膜时应上幅压下幅叠压搭接。上下叠压搭接 10 厘米。在生产上用以扒缝放风。为了便于放风，也可以在叠压处安装小滑轮或者细绳。扣棚时要求棚膜要绷紧压实，上部薄膜外边固定在温室后坡上，下部棚膜底边用土压在前屋角下。每个拱架之间用压膜线压紧，压膜线下固定在地锚上。具体的方法是利用风口大小来控制棚内的温度的高低。

第二节　蔬菜冻害防治措施

一、低温冻害对蔬菜生长发育的影响

低温对育苗的影响主要表现为光照不足、地温偏低，蔬菜出苗慢、长势弱，猝倒病较重；对移栽定植的影响主要表现为定植期推迟，缓苗期延长；对生长发育进程的影响主要表现为生长势较弱，开花、坐果和上市期都将推迟。冻害严重时植株直接被冻死。大棚蔬菜在持续低温下生长发育缓慢或停止，叶菜、根菜、茎菜类产量低，果菜类易落花落果、坐果少。冻害严重时植株生长点遭为害，顶芽冻死，生长停止；受冻叶片发黄或发白，甚至干枯；根系受到冻害时，生长停止，并逐渐变黄甚至死亡。

二、蔬菜低温冻害的预防

（一）温室大棚蔬菜低温冻害的预防

1. 增加覆盖物

夜间在大棚四周加围草苫或玉米秸，可增温 1~2 ℃。在原来的草苫上面再加一层薄苫子，可使棚温提高 2~3 ℃。在原来的草苫上覆盖一层薄膜，不仅可以挡风，还能防止雨雪打湿草苫，从而减少因水分蒸发而引起的热量散失。

2. 大棚周围熏烟

寒流到来之前，在大棚周围点火熏烟，可防止大棚周围的热量向高空辐射，减少热量散失。

3. 经常清扫棚膜

把棚膜上面的灰尘、污物及积雪及时清除干净，可以增加光照，提高棚温。如遇大雪，可采用人工刮雪以防大棚损坏。

4. 覆地膜或小拱棚

大棚内属高垄栽培的，可在高垄上覆盖一层地膜，一般可提高地温 2~3 ℃；平畦栽培的，可架设小拱棚提高地温。

5. 挖防寒沟

在大棚外侧南面挖沟，填入马粪、杂草、秸秆等保温材料，可防止地温向外散失，提高大棚南部的地温。

6. 双层薄膜覆盖

在无滴膜下方再搭一层薄膜，由于两层膜间隔有空气，可明显提高棚内温度。

7. 利用贮水池保温

在大棚中央每隔几米挖一贮水池，池底铺塑料薄膜，然后灌满清水，再在池子上部盖上一层透明薄膜（以防池内水分蒸发而增大棚内的空气湿度）。由于水的比热大，中午可以吸收热量（高温时），晚上则可以将热量释放出来。

8. 适时揭盖草苫

在温度条件许可时，尽量早揭晚盖，促进蔬菜进行光合作用。多云或阴天，光照较弱，也应适时揭开草苫，使散射光射入，一方面可提高温度，另一方面由于散射光中具有较多的蓝紫光，有利于光合作用。切忌长时间不揭草苫，造成棚内阴冷、气温大幅下降。

9. 增加热量

应用秸秆反应堆技术或者增施有机肥，施入马粪、碎草等酿热物，秸秆反应或有机肥分解可释放热量，以提高土壤温度。

10. 悬挂反光幕

在大棚北侧悬挂聚酯镀铝膜，可以增加棚内光照，提高棚温2~3℃。

11. 利用炉火或暖气增温

遇到极冷天气，可在棚内增设火炉或开通暖气。但使用炉火加温时要注意防止蔬菜煤气中毒（安装烟囱将煤气输出棚外）。注意不要在棚内点燃柴草增温，因为柴草燃烧时放出的烟雾对蔬菜危害极大。

12. 地面撒施草木灰

草木灰呈灰黑色，具有较强的吸热能力，均匀撒于地面后，一般可提高地温1~2℃。

13. 喷洒抗冷冻素

在降温之前，用抗冷冻素400~700倍液喷洒植株的茎部和叶片，能起到防寒抗冻的作用。

14. 密度不宜过大

棚室内种植茄果类蔬菜，期栽培种植密度不宜过大，一般每亩 1 500~2 000 株为宜，进而使地表更多的接受光照，提高低温。

应急措施：在棚内温度快要降到零上 1~2 ℃ 时，点燃汽油喷灯进温室内走一圈，可提高温度 2~3 ℃。

（二）露地蔬菜低温冻害的预防

预防方法主要有以下几点。

（1）低温冻害发生前结合中耕进行培土，既可疏松土壤，又能提高土温，保护根部。

（2）在低温冻害来临前一天下午，每亩用 100~150 千克稻草均匀覆盖在菜畦和蔬菜上，可减轻冻害。

（3）用地膜轻覆在蔬菜上面防晚霜危害。

（4）在寒流侵袭前，应趁晴天进行浇灌，有利于土壤吸收水分，贮藏热量，减轻冻害。冬灌水量不可太大，以当日能渗下为宜。

（5）降温、霜害即将来临前，在田间四周用秸秆生火烟熏或喷施植物抗寒剂等预防。

三、蔬菜低温冻害的补救措施

（一）大棚蔬菜低温冻害的补救措施

可采取以下补助措施。

（1）棚内瓜菜发生冻害后，不能马上闭棚升温，若升温过快会使受冻组织脱水死亡。太阳出来后应适度敞开通风口，过段时间再将通风口逐渐缩小、关闭。让棚温缓慢上升，使受冻组织充分吸收水分，促进细胞复活，减少组织死亡。

（2）受冻蔬菜植株生长势较弱，待缓苗后，要及时追施速效肥料，促进根系尽快恢复和生长，并剪去死亡组织，及时喷药防治病害。瓜类和茄果类蔬菜，一生中对氮、磷、钾三要素的需求比较平衡，以选用三元素复合肥、喷施宝、光合微肥等为宜。叶菜类蔬菜，一生中对氮肥的需用量最多，应喷施 1%～2% 的尿素水溶液，若再加入适量的赤霉素效果更好。根茎类蔬菜，对钾、磷等元素的需要量较多，可喷施 0.3% 磷酸二氢钾或 1% 硫酸钾水溶液。叶面肥要喷洒均匀周到，使叶片反正面都沾满肥液。喷后 7～10 天，再喷施一次。

（3）及时中耕培土，加强田间管理。

（4）受冻严重的枝叶，要及时剪除并清出棚外，以免霉变诱发病害。

（5）植株受冻后，易遭受病虫害侵袭，应及时喷洒一些保护剂和杀菌剂。并结合追肥，加强管理，尽快使植株恢复生长。

（二）露地蔬菜低温冻害的补救措施

可采取以下补助措施。

（1）已达到商品成熟度的蔬菜，要及时抢收。

（2）加强田间管理，薄施肥料，控氮增加磷钾肥，促进根系发育，增强抗寒力。

（3）中耕培土，疏松土壤，提高地温。

（4）及时剪去受冻的枯枝，避免受冻组织霉变而诱发病害。